人工智能时代的教育技术及应用

刘毅 著

化学工业出版社

·北京·

内容简介

本书对人工智能和教育的融合与应用进行了探讨和分析，以期为教育的变革与创新发挥力量。本书共包括五章内容。第一章对人工智能的基本理论及其对教育的影响和挑战进行了概述；第二章探讨了人工智能时代教育行动的五个方向，分别是养成信息化的思维、发挥信息处理天赋、提升信息处理能力、提高信息处理效率以及适应信息更新速度；第三章是大数据技术在教育中的应用；第四章是机器学习技术在教育中的应用；第五章是 VR 技术在教育中的应用。

本书可供教育工作者参考。

图书在版编目（CIP）数据

人工智能时代的教育技术及应用 / 刘毅著. -- 北京：
化学工业出版社，2024. 10. -- ISBN 978-7-122-46070
-7

Ⅰ. TP18

中国国家版本馆CIP数据核字第20242KP442号

责任编辑：彭爱铭　　　　　　　　　文字编辑：翟　珂　张晓锦
责任校对：王鹏飞　　　　　　　　　装帧设计：孙　沁

出版发行：化学工业出版社（北京市东城区青年湖南街 13 号　邮政编码 100011）
印　　装：北京天宇星印刷厂
710mm×1000mm　1/16　印张 10½　字数 188 千字　2024 年 10 月北京第 1 版第 1 次印刷

购书咨询：010-64518888　　　　　　售后服务：010-64518899
网　　址：http：//www.cip.com.cn
凡购买本书，如有缺损质量问题，本社销售中心负责调换。

定　　价：69.00 元

前 言

进入21世纪以来,以互联网普及作为发展纽带,社会的各方面结构都产生了新的变化,伴随数据处理与技术应用能力的不断提升,人们迈入数据规模爆炸式上升的人工智能时代,人工智能与教育呈现出融合发展的趋势。无疑人工智能时代带给人们一个更加高效化、精确化、智能化的社会。

随着人工智能技术的发展,人们期望通过人工智能与教育的深度融合解决更多、更棘手的教育问题,提升教育质量和教学效率,实现教育现代化发展。越来越多的技术和工具被应用于教育领域,成为教师教学和学生学习的得力助手。例如大数据技术、智能机器人技术、VR技术等,这些高新技术对传统教育产生了强大的冲击和变革。

在人工智能教育应用中,出现了很多有利结果,同时也暴露出诸多问题,如对学生主体性的削弱、对教师职业角色的挑战、对学校教育的冲击。然而人工智能教育是势在必行的教育创新举措,更是教育现代化发展的新引擎,因此厘清人工智能时代的教育技术和应用困境,探讨造成人工智能教育应用困境成因,进而提出人工智能教育技术及应用的创新路径,对于新时代加强人工智能与教育的深度融合具有重要意义。《人工智能时代的教育技术及应用》一书基于此进行探讨和分析,以期为教育的变革与创新发挥力量。

本书共包括五章内容。第一章对人工智能与教育的基本理论进行概述。第二章探讨了人工智能时代教育行动的五个方向,分别是养成信息化的思维、发挥信息处理天赋、提升信息处理能力、提高信息处理效率以及适应信息更新速度。第三章到第五章剖析人工智能时代几种新的教育技术在教育中的应用:第三章是大数据技术在教育中的应用;第四章是机器学习技术在教育中的应用;第五章是VR技术在教育中的应用。

本书在写作的过程中参考借鉴了国内外大量专家学者的研究成果,在此表示诚挚的谢意!由于本人能力有限,书中可能尚存不足之处,敬请广大读者朋友批评指正。

著者
2024 年 1 月

目 录

第一章
人工智能与教育概述

在人类社会发展的历史进程中,科学和技术是改变人类社会生产、生活方式的重要因素。每一次重大技术革命都会引起人类社会的变革。技术变革和社会变革从来都是交织在一起的,相互作用、相互影响,共同推动人类社会不断进步。由科学技术变革而产生的一系列发明、发现和创新所引起的工业领域乃至整个经济社会领域的飞跃式变革被称为工业革命。目前人类已经完成了第一、二、三次工业革命,正迎来第四次工业革命。前三次工业革命解放了人类的体力和脑力,提高了生产和工作效率,提升了生活质量和水平,不断改变人们的生产、生活方式和教育模式。以移动互联网、大数据、虚拟现实(VR)等人工智能技术为主的第四次工业革命,对人类社会发展的影响将超过前三次工业革命中任何一次,将彻底改变人类社会经济发展模式、社会管理方式和教育模式。

人工智能已经成为人们生活中的一部分,自动驾驶公交车、自动快递员、智能违章监测、犯罪人员快速识别等人工智能技术的应用极大地改变了经济、社会、生活各个方面。同样地,人工智能也在改变着传统的教育形态,并将在教育资源、教学管理、学习效率等诸多方面不断促进教育教学过程的革新。

第一节 人工智能的演化发展

一、人工智能的概念

第一次提出人工智能概念是在1956年达特茅斯会议上。约翰·麦卡锡与他的同事对人工智能的定义是:让机器达到这样的行为,即与人类做同样的行为。英国工程和物理科学研究委员会对人工智能的描述:人工智能技术旨在在计算系统中重现或超越人类要执行这些任务所需的智能,这些智能包括学习和适应能力、感官理解和互动能力、推理和计划能力、编程和参数优化能力、自治能力、创造力、从大量不同的数字数据中提取知识的能力以及预测能力。计算机科学中人工智能(AI)有时被称为机器智能,是由机器展示的智能,与人类和动物展示的自然智能形成对比。

人工智能是基于大数据和超级计算能力建立起来的,能够模仿人类意识和思维过程的机器系统。人工智能系统大体可以分为算法层和技术层两大部分,二者相互支撑,如算法层的深度学习和机器学习可以为更高的技术层提供支撑，技术层的技术进步也会促进算法层不断优化。人工智能研究主要包括机器人、语音和图像识别、自然语言处理和专家系统，具体技术有图像、语言和视频识别，图像和语义理解、语音合成、机器翻译、情感分析等，这些具体技术往往被合并起来使用，被应用到各个不同行业或领域。

人工智能大体可以分为三种不同类型的系统：分析型人工智能、人类启发型人工智能和人性化人工智能。分析型人工智能与认知智能有一致的特征，通过生成对世界的认知，并利用基于过去经验的学习为未来的决策提供信息。人类启发型人工智能包含认知和情商的元素，除了认知元素之外，还要理解人类情感，并在决策中考虑它们。人性化人工智能显示了所有类型能力（认知、情感和社会智能）的特征，能够进行自我意识。

二、人工智能的发展历史

不同学者对人工智能的发展历史有不同的划分方法。人工智能的发展历史大体可以划分为三个阶段：萌芽阶段（20世纪40年代至50年代）、形成与发展阶段（20世纪50年代至90年代）、相对成熟阶段（20世纪90年代末期至今）。图1-1为人工智能发展历史上的重要事件。

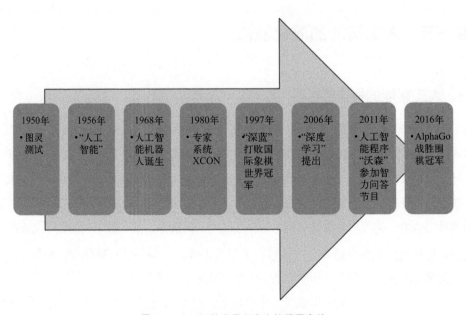

图1-1 人工智能发展历史上的重要事件

（一）人工智能的萌芽阶段

人工智能的萌芽阶段是在20世纪40年代至50年代。

自从人类社会出现以来，一直在不断创造降低劳动强度、提高生产效率的工具。虽然人类社会早期只能制作一些简单的工具，用以满足日常的生产生活所需。但是随着科学技术水平的提高，人类制造出越来越先进的工具。人类一直思考能否制造出一种能够代替人类工作的工具。在西方，亚里士多德就曾经设想制造出一种像人类一样能够明白主人的心意从而代替奴隶进行工作的工具，这样能够让人从繁重的劳动中解放出来。但是直到二十世纪四五十年代，人工智能才开始出现萌芽。随着计算机的出现和使用，人类开始尝试使用计算机来扩展和替代人类的部分脑力劳动。1949年，唐纳德·赫布首次提出了人工神经网络概念。1950年，被誉为"计算机之父"的阿兰·图灵提出：机器会思考吗？如果一台机器能够与人类对话而不被辨别出其机器身份，那么这台机器具有智能的特征。并且图灵还预言了存在一定可能制造出真正智能的机器。1952年，亚瑟·塞缪尔设计了一款西洋跳棋小程序。因此，这个时期是人工智能发展的萌芽阶段。

（二）人工智能的形成与发展阶段

人工智能的形成与发展阶段是在20世纪50年代至90年代。

1956年的夏天，一批具有不同学科背景的科学家在美国达特茅斯学院举行的国际会议上一起探讨如何使用机器来模仿人类智能，并提出了"人工智能"的概念。此次会议之后，关于人工智能的研究主要集中在数学和自然语言这两大领域。例如，弗兰克·罗森布莱特（Frank Rosenblatt）于1957年提出了感知机神经网络模型；奥利弗·赛尔弗里纪（Oliver Selfridge）于1959年设计出字符识别程序；罗伯茨（Roberts）在1965年编制出可以分辨积木三维构造的程序。1968年，世界第一台智能机器人Shakey诞生在美国。1969年第一届国际人工智能联合会议胜利召开标志着人工智能的形成。

20世纪70年代，人工智能开始逐渐应用。例如，保罗·维尔博斯（Paul Werbos）1974年提出反向传播法BP算法；1975年，斯坦福大学推出基于知识的科学推理程序Meta-DENDRAL；1977年，知识工程概念被爱德华·阿尔伯特·费根鲍姆（Edward Albert Feigenbaum）首次提出。美国人工智能联合会于1979年正式成立。1980年，第一届机器学习国际会议在美国成功举办，随后机器学习成为人工智能领域的研究热点。同年，卡内基梅隆大学设计出了第一套专家系统——XCON，该系统具有一套强大的知识库和推理能力，可以模拟人类专家来解决特定领域问题。科恩（Kohen）1981

年提出了自组织映射神经网络；模拟人脑的循环神经网络被约翰·霍普菲尔德（John Hopfield）于1982年首次提出；玻尔兹曼机被辛顿（Hinton）等人于1985年提出；罗斯·昆兰（Ross Quinlan）1986年提出决策树算法；支持向量机算法于1995年被弗拉基米尔·万普尼克（Vladmir Vapnik）等人提出；Adaboost算法于1997年被弗洛恩德（Freund）等人提出。机器学习理论研究方面取得了很大的进展，研究成果丰富。1997年，在国际象棋比赛中，人类世界冠军卡斯帕罗夫被IBM研发的"深蓝"机器人击败。

（三）人工智能的相对成熟阶段

人工智能的相对成熟阶段指的是20世纪90年代末期至今。

人工智能在90年代末进入相对成熟的阶段，深度学习研究兴起。1988年扬·勒丘恩（Yann LeCun）提出了卷积神经网络，这是深度学习领域具有代表性的算法之一。进入21世纪，深度学习和机器学习成为人工智能研究领域的热点问题，人工智能得到了进一步的发展，并广泛应用到各个行业。数据挖掘的概念被威廉·克利夫兰（William Cleveland）于2001年首次提出。深度学习的概念被辛顿（Hinton）等人于2006年提出。深度学习理论研究获得丰硕的成果，2011年，IBM研发的人工智能系统——沃森机器人参加美国著名智力问答竞赛节目《危险边缘》，最终打败了最高奖金得主布拉德·鲁特尔和连胜纪录保持者肯·詹宁斯。2016年3月，美国谷歌公司研发的人工智能程序AlphaGo，战胜韩国围棋手李世石。2017年5月，AlphaGo在中国乌镇围棋峰会战胜世界围棋冠军柯洁。Google在2018年1月发布了一个能自主设计深度神经网络的AI网络CloudAutoML，并将它作为云服务开放出来。自此，人工智能又有了更进一步的发展，人们开始探索如何利用已有的机器学习知识和神经网络框架来让人工智能自主搭建适合业务场景的网络，人工智能的另一扇大门被打开。这标志着人工智能发展进入相对成熟的阶段。

第二节　人工智能的发展对人类社会的影响

人类历史上每一次重大的科技进步都会对人类社会产生重要的影响，会不断提高人类的认知水平和能力，改变人类社会的组织管理方式，改变人类社会的经济发展方式，改进人类社会的文化传播和教育方式。人工智能技术在人类社会中已经和将要实现的更大范围的应用，必然对人类社会产生深刻的影响，以人工智能为核心的即将爆发的第四次工业革命，会使人类社会发生巨大变化。

一、人工智能在三大产业的应用

人们对人工智能关注的焦点主要集中在具体的应用领域。人们更加关注人工智能技术如何提高人们的生活质量和水平，能够给人类带来多大的贡献或者好处。目前，人工智能技术已经应用到人们的生产和生活之中，并开始逐渐对人们的生产、生活方式产生一定影响。

（一）人工智能在农业方面的应用

首先，在农业生产过程中种植是非常关键的一环，种什么和怎么种主要是凭借以往的经验和感觉进行，这样会导致这块地种了不适合的种子，并且会出现株距和行距不均匀的情况，人工种植很难实现均匀播种。但是，通过使用人工智能技术不仅能够有效地对不同区域土壤的相关数据进行收集与分析，与大数据进行比较、分析找到最优播种方案，还能在进行播种时避免株距和行距不均匀的情况，实现每颗种子都能吸收到充足的阳光和养分。例如，美国研发的普罗斯佩罗机器人就能够实现自动播种。其次，为了提高农作物的产量，人们还会对农作物喷洒适量农药，但人工喷洒会出现喷洒不均产生浪费的现象，为解决这个问题，美国蓝河技术公司研发的生菜机器人能够实现精确喷洒农药，避免浪费，有效节约成本。此外，在苹果采摘方面，美国充裕机器人公司设计的苹果采摘机器人能够辨别成熟苹果，并准确采摘。因此，通过使用人工智能技术进行农业生产不仅提高了生产效率，还改变了传统农业的生产方式。

（二）人工智能在工业方面的应用

工业领域应用人工智能技术，能够有效地提高产品质量，提高工业自动化水平，实现智能制造。例如，日本发那科公司研发生产的线切割放电加工机床具有人工智能热位移校正功能。通过机器学习技术能够有效地检测机器运行期间环境温度和机器发热情况，用以预测和校正由于温度变化引起的热位移，这一项技术的精确度比传统做法提高约40%，实现更安全的操作。人工智能技术在工业领域的应用能够有效地实现数据可视化分析，机器能够进行自我诊断，从而实现对机器设备的预测性维护和保养，实现了把隐性问题变成显性问题，能够更早地发现问题并解决问题，减少由于机器故障带来的损失。目前消费者对产品的需求呈现多样化、个性化的特点，工业生产应用人工智能相关技术能够实现智能制造，同一生产线可以生产多种型号产品，实现小批量订单满足客户特殊需求。

（三）人工智能在服务业方面的应用

人工智能技术应用于服务业，进而实现二者的有效融合，不仅能够有效实现传统服务业转型升级，还能够催生新的业态，从而提升服务业发展水平。这里可以举几个例子来分析人工智能技术在服务业中的应用。

首先，在交通运输领域的应用。人工智能能够准确预测城市交通状况，提升城市道路的通行效率，有效地缓解交通拥堵，为居民的出行畅通提供有效的保障。例如，杭州的"城市大脑"，它是通过人工智能技术实现的，它将城市道路、信号灯、安防系统及交警的移动终端设备等相关数据整合成一个完整的交通系统。这一交通系统采用人工智能技术，能够精确计算最优路线并及时发送给驾驶员，这样驾驶员能够获得准确的交通信息并避开拥堵路段。未来随着人工智能技术发展，无人驾驶、智能交通和监控等都能实现，最终建立智慧交通体系。如通过人工智能技术实现路径规划、系统定位以及自动控制等，进行自主安全的车辆驾驶，在一定程度上避免人为驾驶的失误，实现无人驾驶；利用人工智能技术可以对交通状况实时有效监控，并获取准确交通信息，从而有效指挥交通，同时还可以监控车辆、行人的违法行为。

其次，在医疗健康领域的应用。目前人工智能技术在医疗健康领域中应用广泛，出现了很多智能医疗设备和产品。例如，应用人工智能技术的医疗设备能够实现 X 射线检查与医学影像分析及模拟专家诊断和治疗。人工智能沃森医生能够在17s内阅读3000多本医书，并进行60000多次医疗数据分析，具有极强的学习能力和推理能力，在大量有效数据的支撑下，能够为患者进行智能诊断并提供最佳的治疗方案。除此之外，人工智能随访助手能够模仿医师，对患者进行电话随访，询问患者在出院以后身体康复情况，是否存在一些不良反应等。随访助手不仅提升了随访效率，还确保随访信息全面准确。大数据平台给机器学习提供了可能，从而影响医疗系统和临床医师。通过机器学习技术产生的扩展数据和分析模型，还将提升整个医疗领域中其他方面的效率，其中包括减少医疗错误、改善癌症检测和诊断精神状况。在药物的研发和商业化中，数据正在改变传统临床试验模式，药物使用常常伴随着诊断结果，确保正确的药物在正确的时间到达适合的患者手中。当这些情况发生时，无疑将从基础整体医疗转向精准个体医疗，机器学习和人工智能相关技术将成为其中的重要因素。

再次，在金融领域的应用。人工智能在金融领域的应用主要集中在身份识别、量化交易、投资顾问、客服服务、风险管理等方面。一方面主要是替代财务人员的简单工作并且把较为复杂的工作智能化。信息化和智能化不仅能够快捷准确地获取数据，还能提高数据处理的速度。例如，美国两家公司 EquBot LLC、ETF Managers Groupl 于2017年10月合作推出全球首只应用人工智能进行投资的 ETF-AIEQ。2018年1月，我国跃然科技公司宣布成立首款由人工智能系统运营管理的私募基金产品——跃然人工智能交易基金。另一方面，人工智能技术的应用主要是改善客户体验。银行的人工智能系统接收客户的信息后，通过比较、分析，向客户进行有效的反馈，简化了客户操作流程，改善了客户体验。此外，智能投资顾问正逐渐取代人类投资顾问，智能投资顾问具有成本低、可靠性强等特点。

最后，在教育领域的应用。目前教育领域人工智能技术的应用比其他领域缓慢，但基本覆盖了备、教、练、考、评、管全流程。针对教学机构、教师、学生等不同主体构建不同的教育AI场景，广泛应用于各个学龄段以及职业教育、在线教育等各类细分领域，课堂教学辅助、拍照搜题、走班排课、智能化批改、在线自动测评系统、教育机器人等具有代表性。例如，英国Century Tech公司的监课系统通过捕捉多维度的课堂数据评估学生的专注度和接受度，精准定位学生课堂异常学习状态，并为每个学生生成个性化课堂报告，帮助教师掌握学生现阶段学习状态。孟菲斯大学AI研究所研究开发的Auto Tutor系统，通过自然语言与学生对话进而帮助他们学习物理和计算机知识，此外还可通过识别面部表情和身体姿势自动跟踪学习者的认知和情绪，并以自适应方式对认知失衡和认知混乱进行干预以促进深度学习。该团队结合当下最前沿的AI成果对Auto Tutor系统进行补充研发和更新，已经衍生出十余种智能教学系统，如AutoMentor、DeepTutor、Guru、MetaTutor、ARIES、SKOPE-IT等。

美国知名考试机构全美在线（ATA）的智能监考机器人将AI和大数据技术应用到考试、考场、考生管理和监考中，通过对数以万计考场视频中的考生动作进行分析、比对，抓取疑似作弊行为，全面提升了监考效率与考试的公平性。2018年9月中国的注册会计师综合阶段考试过程中，教育机器人被首次应用于考场监考。随着人脸识别、物联网等技术在校园的应用，腾讯、思科等公司推出了智慧校园解决方案，这一方案实现了学生和老师的身份认证、信息采集、课堂考勤和校园安全、后勤服务的管理一体化，涵盖学习、办公、管理、生活等多方面。智慧校园解决方案通过构建智能感知校园环境，实现了多场景数据的互通，为师生提供极大便利的同时，也满足了校园常态化管理需求。随着人工智能技术在教育领域的广泛应用，必将引发教育模式、教学方式、教学内容、评价方式、师资队伍及教学管理等一系列的变革和创新，推动教育生态的演化，促进教育公平，提高教育质量，给学校、教师、学生带来重大影响。

另外，人工智能技术在生活中的应用也非常广泛，例如，聊天工具如微信、QQ等软件的语音转文字功能；各种网站根据用户的搜索记录进行个性化推荐功能；软件翻译如有道翻译词典等，以及百度人工智能音箱等都运用了人工智能相关技术。

二、人工智能对人类生产和生活的影响

（一）人工智能提高人类生产效率

回顾人类社会发展历史，经历了三次工业革命，人类社会从蒸汽时代走到电气化时代和信息化时代，又走到如今的智能化时代。每次工业革命都是重大的科技革命，科技革命所带来的技术进步提高了人类社会的生产效率。每次科技革命人类获得的生产工具是不同的，但是每次工业革命获得的结果是一致的，那就是生产效率大幅提高。历史事实已经证明，科技进步能够促进人类社会不断发展。以人工智能为代表的第四次科技革命一定会大幅提高生产效率，减轻人类的负担，不仅是体力上的，还包括脑力方面的劳动强度。伴随着人工智能技术的快速发展，生产效率的提高，人类拥有更多可自由支配时间，这使人类生活更加自由。

首先，生产出更加优质高效的产品。随着人工智能技术不断发展完善，人工智能机器人或者设备与人类工人相比主要体现在两个方面的差别。一方面，人工智能机器人或者设备具有高效的学习能力。人工智能机器人或者设备能够在短时间内掌握大量的信息，因此人类可以节省出大量的时间投入更多的工作，从而提高工作效率。另一方面，人工智能机器人或者设备在工作时不会受到情绪的影响，不会感到劳累，也不会出现分心的现象，能生产出更加优质高效的产品。而人类工人容易受到情绪的影响，工作时间长了也会感到劳累，从而影响其工作效率。

其次，缩短生产、储存和销售的时间。在生产产品环节，采用人工智能机器人或者设备，不仅可以缩短单件产品的生产时间，还可以延长整个的生产时间，可以实现24h不间断生产，加快生产进度，从而提高企业的生产效率；在仓储管理环节，应用人工智能技术可以根据生产商、供应商和顾客的信息，分析各种影响因素，匹配最佳方案；在库存管理方面，能够实现对已有客户资料进行有效整合，通过建立模型预测未来订单数量并及时调整库存，避免盲目生产造成的浪费，同时缩短了销售时间。

最后，人工智能机器人或者设备会替代部分劳动力。人工智能机器人或者设备的计算能力、环境适应能力和工作稳定能力相比人类都具有很大的优势，因此在生产过程中会使用人工智能机器人或者设备代替人类完成一些简单的、重复的、计算复杂和工作环境恶劣的工作，这样可以有效地提升生产效率。

（二）人工智能提升人类生活质量

人工智能技术应用到生活领域中创造了许多新的智能设备和通信应用更新，这些新产品和新应用的推广不断满足人们多样化的需求，彻底改变了人们的生活方式。其主要

表现在以下方面。

首先，改变了人与人之间的沟通、交流方式，缩短心理距离。之前人们沟通的方式主要是通过直接见面、写信、打电话等方式，直接见面要花费时间，产生成本，尤其是双方物理距离相距较远的时候，花费的时间更多，产生的成本更大。书信沟通相对较慢，也会存在中途遗失导致信息丢失等问题，给人们的工作和生活造成一定的困难。打电话能够及时沟通，但很难见到对方，在移动电话出现之前，固定电话限制了人们随时联系沟通。随着人工智能技术应用到社交活动领域，为人们提供了全新的沟通方式。人们使用智能手机和社交软件中文字、语音、视频的方式沟通交流具有即时性，交流沟通更顺畅，更能表达自己的情感，并且突破了地域和时间的限制，缩短了人与人之间心理上的距离。

其次，改变了人际交往方式，拓宽了交往范围。现代发达的通信网络不仅提供了广阔的交流空间，而且出现网络社交新形式。例如，目前很多社交软件都具备转发、群发、群聊等功能，使得人与人之间的交往突破了一对一的限制，改变了人际交往方式，拓宽了交往范围。并且在同样的时间内可以处理更多的信息，从而节约了时间，提高了效率。随着政府对社交软件的监管越来越严格，人们必须通过手机号登录账号使用社交软件，网络社交中的个人身份信息越来越真实，在线上沟通也能够充分了解对方，这样可以改变实际生活中人际关系狭窄的问题，拓展了人际交往的范围。

最后，更好地满足人类的需求，丰富人类生活。人工智能技术应用会催生出很多智能设备，让人们的需要得到有效满足。如今人工智能技术不断应用到人们的衣、食、住、行等方面，随之会彻底改变人类的生活方式。例如，智能家电，像冰箱、电视、洗衣机等融入了语音、图像识别等技术，不仅提高了安全性，还提升了操控的便利性。随着人工智能技术不断完善，无人驾驶汽车广泛应用，人们有望缓解交通堵塞以及疲劳驾驶的烦恼。

总之，人工智能的发展将对人类社会的生产和生活方式产生深刻的变革，创造了新的价值，但也破坏了一些价值。人工智能减轻人类负担的同时，也提高了对人类的要求，使人们在精神上过度紧张疲劳。人工智能技术发展也会带来消极的影响，人工智能技术会让人形成依赖，忽略自身主观能动性的发挥。因此，对待人工智能必须客观和清醒，既要看到人工智能的积极影响，也要看到消极影响，并通过针对性的措施规避消极影响。

第三节　人工智能的发展对教育的影响

第四次工业革命是以人工智能技术为主导的。第四次工业革命对人类社会影响的广度、深度与系统性变化会超过前三次工业革命中的任何一次。第四次工业革命对人类社会的生产、生活产生的影响也将超过前三次工业革命产生的影响。以人工智能技术为主的新一代信息技术在教育领域的应用会对教育理念和模式产生冲击和影响，会对教育进行重塑。

一、人工智能冲击教育理念

人工智能技术的发展将对教育产生颠覆性的变革，教育理念会发生变化：从生存需要到幸福生活需要；从大规模标准化教育到个性化教育；从应试教育到全面发展教育。未来要不断探索更新的教育理念，适应未来教育的变革，为未来世界的发展奠定教育基础，培养符合时代发展的人才。

（一）教育目的——从生存需要到幸福生活需要

在人类社会发展过程中，教育不断进行变革与创新以满足人类社会不断发展的需要。回顾前三次工业革命，每一次工业革命都对人类社会产生了深刻的影响，教育也不断改革创新，以满足人类社会发展的需要。人类接受教育从为了生存需要、为了工作需要逐渐演变成幸福生活的需要。教育从作为实现一定目标的手段，逐渐变成人生幸福生活的需要。第四次工业革命将使人类进入人工智能时代，人类对教育的需求就会演变成实现幸福生活的需要。人类开始有组织地学习、开展必要的教育之后很长一段时间，教育主要围绕着生存，如在部落、家庭、团体传授生存本领。前两次工业革命发生以后，需要大批的产业工人，教育的主要目标是培养出技术成熟的产业工人，以满足工业化生产的需要，对于学习者个人来说，教育的目的主要是为了解决就业，更好地生存，从而形成了工厂化教育模式。

今天的教育虽然本质上还是为了工作和生存，但不是单一的目标，还包括培养学生的创新能力，注意学生德智体美劳等各方面的全面发展。人们开始在教育中探求更多的东西，开始追求教育带来人格的完善、精神的富足，等等。教育理念在此时已经不只关注生产和生活。人工智能时代教育的理念将不单单只是让孩子掌握一项生存的技能和本领，更重要的是让所有孩子都过上美满幸福的生活。如何在这个时代生存下去已经不再是一个棘手的问题，而如何让每个人都能按照适合自己的生活方式健康、快乐、幸福地生活下去才是。社会是由一个个个体组成的有机体，只有每个人都能够找寻自我，懂得如何生活得更好、更幸福，幸福社会的打造才会变得更加容易，社会的进步也才能更加快速。

（二）教育模式——从大规模标准化教育到个性化教育

工厂化教育模式实现了大规模标准化的教育，为工业革命培养需要的人才。教育理念在很大程度上受到传统的工业化思维的支配，这种工业化"流水线"思想催生的教育模式，强调规模化、标准化的教育。因此，形成了现在的班级制教学，教师授课的内容、进度都是一样的，不会因每个人的学习进度以及掌握情况进行调整，学生们被动接受知识、做笔记、复习、应付考试，而学校衡量学生是否合格的标准主要是成绩。然而，大规模标准化教育并没有关注到每个学生的差异，因为每个学生其实都是一个独立的个体，由于每个人对知识的吸收程度和学习方法并不相同，所以每个个体的学习进度也是不同的，教师很难发现学生的个性化需求，更不会针对学生的个性化需求进行教育。

未来社会对人才的需求是具有处理复杂问题的能力、沟通和协作能力、创新能力，而具备这些能力的人才按照现在的教育理念和模式是很难培养出来的。人工智能的发展为实现个性化培养带来了机遇，在未来的教育理念中个性化将会不断得到加强，因材施教，让每个受教育的人都能够在自己擅长的领域充分发挥自己的所长是未来教育努力的方向之一。人工智能将突破时间和空间的约束，可以根据每一个学生的学习需求、个性特征和认知特点提供个性化、定制化的学习计划，推送适合学习者的个性化学习资源，提供个性化的学习帮助，实现因材施教的理想。

（三）教育评价——从应试教育到全面发展教育

在现在的教育制度下，考试成绩是评判"好学生"和"差学生"的非常重要的标准，也是升学、就业选拔人才的标准，因此无论教师、家长还是学生都非常重视考试成绩。从小学、高中到大学，为了升学考试进行学习已经在学生心中根深蒂固，进入大学校园后也难以改变。由此导致学生和家长的关注点也过多地集中在学习成绩上，应试教育的观念深入人心。在以应试教育为目的的教学过程中更多的是关注课堂教学质量以及考试成绩是否提高，却忽略了对学生在步入社会中更重要的素质，包括思想道德、心理素质、创新能力、与人沟通交往能力的培养，对学生的培养更多地还是停留在注重知识教育的阶段，素质教育方面缺乏创新。

随着人工智能的发展与应用，许多曾经需要人熟练掌握相关知识才能完成的工作将会被智能化机器所取代。未来许多工作将会由机器人来完成，"社会稀缺的将是富有人文精神的人才",他们除了掌握知识与技术之外,还具备沟通、组织协调、创新等方面的能力。因此,未来教育将更加注重培养综合素质,既包括学习的能力,还包括理想、信念、道德、文化,从而使学生能够成为德、智、体、美等全面发展的人才。未来不仅可以实现对于学生的素质教育,甚至可以实现学生的全面发展,这将会是对于素质教育的更高一层次的升华,全面发展的观念也将持续存在于人工智能教育发展的整个阶段,指引新时期教育不断前进。

二、人工智能改变教育模式

人工智能的发展对现在的教育模式产生了冲击和影响,传统的教育模式正在变革,世界上很多学校正在创新变革传统的教育模式,有些学校已经有了未来学校的影子。未来在人工智能的冲击和影响下,教学模式、教学评价方式、教学管理及教学环境等都会受到冲击和影响,并逐渐建立起新的教育模式、教育生态以适应未来人类社会发展的需求。

(一)教育模式不断创新重构

传统的教育模式被称为"工厂模式"。在传统的"工厂模式"下,学校培养人才类似于生产流水线生产产品,培养的人才趋于标准化,学校的教材与内容、进度与课程、教学方法以及评判标准都是固定不变的或者变化很微小的。在这种教育模式下也有个别学校尝试过创新,但收效甚微,主要原因在于这种创新不是对教育模式的重构,只是对教育模式的完善,因此很难有更大的改变。但在人工智能技术的影响下,将会彻底改变现在的教育模式,教育模式将被重构。未来教学将突破时间以及空间的限制,跨时空、跨地域的交互式教学、项目式教学都将成为可能,教育模式将不断创新。传统教学是基于班级授课制,以教师、教材、教室为中心的知识传授模式;人工智能时代教学是基于广泛学习资源,以学生、问题、活动为中心的能力培养模式。

随着人工智能时代的到来,数字化技术与人工智能将逐渐发展为更为有效的工具,可以使每个学生解决自己的学习困难,并根据自己的情况建立适合自己的学习机制。在全新的教育模式下,学生不再是被动学习,而是拥有了更多主动权,可以根据自己的兴趣爱好选择学习的内容,按照适合自己的进度制订学习计划,主动地创造适合自己的教育产品。各种数字化工具的出现,让学生能够自己制作多媒体教育资源,成为教育资源积极的生产者和传播者。未来的教育模式中,传授知识的比例将会下降,随之而来的是实际操作和讨论课程的增加,尤其是交互式学习、分享与讨论。随着知识不断更新拓展,知识的复杂度、融合性不断增强,信息呈爆炸性增长。

（二）教学评价方式发生变革

现在的教学评价方式单一，并且具有很强的主观性。现在的教学评价一般会选取特定的已经很成熟的指标作为评判标准对教学进行评判。教学评价一般分为对老师教学成果的评价和对学生学习成果的评价两类，无论哪类评价，其中一项重要的标准都是学生的成绩，并且对成绩的界定范围非常小，没有考虑学生的全方面发展。另外，当前的教育评价体系指标单一且只关注结果，不注重学生成长的过程。

人工智能技术将彻底改变传统的教学评价方式。人工智能时代教学评价标准将不再单一，评价方式更加多元，评价手段也将更加丰富，从而使得整体评价更加科学，进而能够获得更加客观、准确的评价结果。人工智能时代学习成绩不再是衡量学生学习好坏以及教师教学质量优劣的唯一硬性指标，除了学习成绩，创新能力、想象力、好奇心等因素都被考虑在其中。人工智能技术如大数据、区块链、VR、增强现实（AR）等丰富的教育评价手段，将促进教育评价的转型。人工智能技术更加注重学习的过程、全面发展等全方位教育质量的评估，从而让学生更健康、全面、个性化发展。基于人工智能技术建立的智能教学助手和智能评测系统的协同工作将会提供更加客观、科学的教学评价。同时，智能化的教育评价系统还可以为学生提供适合于该个体全面的学习诊断，再为其配备好精准的学习干预，从而真正在教学的过程中实现规模化与个性化统一，创造更好的教育生态。

（三）教学管理水平逐渐升级

传统教学管理的效率十分低下，给管理带来了很大困难。传统的教学管理方式对人力的要求是很高的，教师会承担更多的任务和压力。除了日常教学工作外，教师还要负责许多管理工作，比如日常课程的安排、教育任务的规划和布置，等等。人工智能时代的到来为教师减轻了负担，教师不再承担简单重复的教育管理，而是将更多的精力放在如何更好地完成教学任务上。在人工智能快速发展的大背景下，智能化管理平台系统的运作将会带来极大的便利。

智能化管理平台系统包括几乎所有教与学相关功能，能够满足教与学的需求，实现了对学生和教师评价、教情和学情分析、学业预警、安全管理和后台管理等智能化管理，操作非常简单，不需要教师同时兼顾教学和行政任务，管理部分只需要交给管理系统即可。此外，人工智能在教育管理的信息化、数据化、透明化、可视化及合理性等方面发挥了巨大的推动作用，进一步建构和完善教育管理监督与纠偏体系，使教育管理更具前瞻性。

在人工智能快速发展的背景下，教育管理制度在不断优化。人工智能的发展甚至对教育的外延都产生了极大的影响，特别是随着教育资源的整合与共享、教育模式的创新与应用、教育主体的交互与协作，以教育管理为核心，通过人机交互、数据转换和信息识别等技术，从而实现管理、查询、咨询、监控的有效协调，达到对整个教学系统智能化管理的目的。

三、人工智能影响教学环境

人工智能将使教学环境进行深刻改变。人工智能技术的应用将全面改变教室形态、课堂教学环境、校园环境等，线上线下一体、课上课下衔接的高度数字化、智能化的教学环境将全面普及，必将迎来学习空间的重构。人工智能与人类智能的高度协同，可大大提高教学环境的个性化服务水平，为实现泛在学习提供良好支持，加快人工智能技术在教育领域的应用，使教学环境更加实践化和体验化。

首先，人工智能技术发展打破了时间和空间的限制，学生可以自主选择学习的时间和地点，改变传统的教学环境。在这种打破了时空限制的课堂中，教育又有了全新的发展。未来会有多种形式的学习，线上和线下学习都会存在。未来师生面对面的课堂教学和现在的课堂教学相比会有更多的交流和体验活动，学生自学和面对面交流与讨论并存，老师和学生之间及学生和学生之间会有更多有针对性的讨论和研讨，学生有更多的时间进行探究性实验，有更多时间进行艺术鉴赏和创作。学校会组织更多的社会实践，开展更多的活动丰富学生的体验。学生学习更加自由主动，改变当前课堂学习被动的状况。

其次，学习环境更加智能化。人工智能与教育深度融合，使数字教育资源在人工智能技术支持整合下形成多学科交叉的立体网状知识体系。数字教育资源的多形态实现功能聚合，并依托个性化引擎向学习者提供适应性学习资源环境。人工智能技术能够推动虚拟科技馆、虚拟博物馆、虚拟实验室等虚拟仿真学习资源环境与适应性学习资源环境进行融合，为学习者提供高沉浸性、临境感与系统化的学习环境。人工智能技术将推动智能伙伴、智能教师等各种智能角色出现，并融合到智能学习资源环境之中，使学习环境更加智能化。此外，学习空间不断拓展，未来的学习空间将由教室、课堂逐渐拓展到室外和课外，除了实体的物理空间还有虚拟的空间，学习形式丰富多样，正式学习与非正式学习交织在一起。

总之，人类教育史上每一次重大变革的背后都离不开工业革命的巨大推动作用，只有大力发展生产力，才能实现教育在一个时代的突破性进步。当前，人工智能进步突飞猛进，甚至被誉为第四次工业革命，这必将推动教育又一次革命性变革，给教育带来前所未有的冲击。

第四节　人工智能时代教育的机遇

人工智能与教育的融合将加速教育的变革，对学校管理、教学方式及学习方式等都会产生深刻的影响，人工智能最终会对教育进行重塑。人工智能能够减轻教师和学生的负担，把教师和学生从痛苦中解救出来，同时会解决工厂教育模式的局限性，实现大规模个性化培养，实施全面的素质教育及有效解决教育公平的问题。这些问题在工厂教育模式下是很难实现的。但与此同时，人工智能会引发一些新的问题，例如，人工智能技术应用过程中短期内可能加剧不公平，产生新的数字鸿沟；人工智能也会对教师和学生提出新的挑战，教师必须具备新的技能和素养，学生必须改变现有的学习方式，养成自主学习的习惯，具备解决复杂问题的能力等。因此，应针对人工智能的影响抓住机遇迎接挑战。

一、人工智能能够减轻师生负担

教师工作内容很多，除了教书育人之外还要承担很多行政工作，尤其是中小学教师年复一年地重复相同的工作，不仅时间紧，工作量还大，这使他们感觉疲惫不堪，工作负担很重。人工智能技术如图像识别、语音识别、人机交互在教育领域的应用减轻了教师的负担。教学过程中一些流程化、重复性的工作，可以由人工智能来代替，如通过人工智能相关技术实现自动推送适合不同学生的个性化学习方案、作业和试题，并能够自动批改；辅助教师进行口语测评和纠正改进学生的发音；协助教师为学生进行在线答疑等。人工智能技术在教育领域的应用，可以大大减轻教师的负担，把教师从简单、重复性的工作中解放出来。

未来人工智能会根据每位同学的具体情况选取适合的学习材料，学生分心或者离开时，它能够及时做出调整。此外，它还会不断对学生的学习进度进行监测和评估，在中央寄存器上记录他们的分数和表现，确保父母能充分了解子女的学习状况，同时将数据提供给学校领导和政府相关部门，确保学习的进度。通过人工智能对学生进行评估，教师就不用在练习册或工作表上给同学打分了。人工智能减轻了教师的行政负担，让他们可以有大量的时间和精力与学生交流，教学变得更有吸引力，更有成就感，也更有激情。人工智能将真正为教师开拓一片疆域，让他们成为应有的样子，激励学生更好地学习和生活。

当前应试教育仍占学校教育的主流，考试分数成为学生评价的主要标准。工厂化的教育模式培养出来的学生是同一标准，因为就像流水线生产产品一样，学生培养过程中教学目标、教学大纲、教学计划、教学内容等都一样。学生为了毕业取得好的成绩，不断重复刷题，这样学生很难体会到学习的快乐。为了取得好成绩进入理想的大学，学生们压力很大、负担很重。未来人工智能技术可以通过挖掘学生的各种数据，根据学生的个性、兴趣等，设计个性化的课程，大大减少学生的简单重复学习，让学生学习变得非常快乐。

人工智能也会在学生的学习过程中找到学习难点、重点及其不足，根据学生的学习情况及时调整学习计划，推送相关知识点的视频和习题等，实现更有效率及针对性的学习，帮助学生取得更好的学习效果。随着人工智能的发展，未来学习记忆也不会那么枯燥，游戏化的学习方式使得背课文、背古诗、背单词变得非常有趣，变得较为容易，记忆不再是学生学习过程中很痛苦的事情，学生不会再为大量的记忆而发愁。记忆在未来教育中不再是主要任务，教育的主题将是创新能力的培养、生命价值及意义的探索。在未来学习过程中，每个学生都能够发现自己的潜能与天赋，根据自己的特点进行自主学习，享受学习乐趣。

总之，人工智能效率非常高，能够取代简单重复的劳动，使人类智慧向高端劳动迁移。很多简单的脑力劳动可以被人工智能取代，人类的智能被解放出来，去处理需要更多复杂智能才能处理的事。

二、人工智能能够推动大规模个性化教育的实现

工厂教育模式下，实现了教育的规模化，在一定程度上提升了教育效率，实现了大众教育的普及，但没能实现学生的个性化培养。大规模培养和班级制使得同年龄学生一起入学，一起学习，学习的进度相同，这种模式下学生不能按照自己的最佳速度学习。如果教师课讲得比学生自己学习的进度慢，学生就会产生厌倦懈怠；如果教师讲得太快，学生又会跟不上教师讲课进度，很容易挫伤学习信心和动力，也不敢向老师提问或寻求帮助。

人工智能技术进步能够实现大规模个性化的教育模式，人工智能相关技术能帮助每个学生制订自己的学习计划，针对每个学生的学习评价不再是按照分数排名。人工智能对每个学生的知识掌握情况非常了解，充分掌握每个学生的进度，并根据每个学生的情况绘出学习曲线。每个学生都能按照自己的速度进行学习。人工智能能够很清楚地了解每个学生的学习状态，能够使用最佳鼓励方式，帮助学生选择最契合学年里每一天所学

的知识。人工智能时代"因材施教"成为可能,个性化学习、定制化学习等将成为未来的学习方向。

工厂模式下的教育是一种标准化培养模式,培养方案、教材、讲授内容、考核标准、管理等都是一样的,培养出来的学生会出现同质化问题。人工智能改变了这种束缚学生个性的教学模式,中小学生和大学生可以有更多的时间和机会去探寻自己的看法,也有了更多的时间和机会去倾听别人的想法并做出反馈,这和工厂模式完全不同。在人工智能时代,学生们将会有更多了解自己、认识自己的机会,并在生活中发现更多的意义和乐趣。

美国的一些学校已经开始尝试个性化人才培养模式。每个月家长会收到老师的一份关于自己孩子的个人发展报告,每个学生根据这份报告制订学习计划,这样每个学生所学习的课程内容是不同的。未来人工智能时代学生可以自己选择什么时候上学,可以选择上课时间,也可以选择上课地点、上课方式、课程内容及与谁一起学习;学生们可以按照自己的目标、定制的个性化学习内容以及自己喜欢的进度学习;既可以集中在一段时间学习,也可以在社会上工作了数年再返回学校学习,学习方式更加灵活。人工智能的发展,突破了学习的时空限制和内容的限制,使学习更加容易和有趣,因此终身学习容易实现。

三、人工智能能够促进全面素质教育实施

随着人工智能的不断发展,应试教育变得越来越不重要,素质教育会变得越来越重要。人工智能高度发展的时候,替代了很多简单、重复及低级思维的活动后,把人类推向更高阶思维,素质教育的内涵也不断拓展。人类在创造力、人文精神及解决复杂问题的能力方面有更高的要求,因此必须重视素质教育。在提供素质教育的过程中,人工智能可以帮助教师和学生降低练习和反馈部分的成本并有效地提升效率。未来教育能够根据每位学生的基础个性化推荐,真正精准找到学生的弱项,提升学习的效率。未来教育具有个性化、情境化、数据驱动等基本特征,在提高教学效率的同时可以有效地拓宽智力教育的范围。

在工厂化教育模式下,中小学和大学的教育都只专注于人类智力发展的小部分内容。而学习这些内容占用了学生的大量时间,把教师和学生搞得筋疲力尽,很少有时间和精力去学习其他知识。尽管有些机构可以为孩子提供更加丰富的教学内容,如情感发展、体育锻炼、艺术培养和道德熏陶等,但是一方面学生腾不出更多的时间学习这些内容,另一方面这些机构提供的内容往往只有家庭条件好的学生才能够学习。

人工智能能够为学生们提供更加丰富多彩的知识，能更好地提升每个孩子的认知能力。人工智能不仅提高了教学效率，还能够提供个性化的课程，如游戏、音乐、戏剧、舞蹈、创意写作、绘画、艺术史、阅读、哲学和志愿服务等，这些课程都将在未来的中小学和大学中大放异彩。学生会有更多的时间和精力去学习这些人工智能很难替代的、具有创造力和人文精神的学习内容，拓宽教育的范围，实现真正的素质教育。

同时，人工智能在学生的"多元"智慧培养上起着重要的作用。学生会有更多的时间和机会来增强道德意识，丰富自身情感，培养个人爱好。人工智能技术还能测试学生的思考能力和反应能力。人工智能设备还能提升他们的个人智慧和社会智慧，增强他们的自信，让他们更出色地与世界相处。像舞蹈编排、运动技巧和音律和弦这些艺术、体育技能，都将在人工智能的帮助下大大提高。

四、人工智能能够有效解决教育公平

学生先天是有差异的，各个学生都不同。在进入学校之前，学生父母和家庭环境、条件，以及父母对孩子教育的态度和能力不同，因而对每个学生的影响不同，造成了各个学生的差异越来越大，而不同的学校经历更是加大了学生之间的差异。将普通中学和重点中学相比较就会发现，教师的素质和经验、学校的师生比例、课上的行为和动机、学习的进度和目标以及学校与家庭之间的交流等都存在很大的差异。在应试教育的背景下，这种差异导致了未来学生升入大学的差异，普通大学和著名大学也存在很大的不同，进一步扩大了这种差异。造成这样的结果主要是因为教育资源的稀缺性以及教育公平问题。

当前工厂教育模式下，教育资源的差异主要是不同学校的教学质量不同，影响教育质量的主要因素是师资力量、班级规模和教学硬件等。随着人工智能的发展，能够为大多数学生提供高质量教育。

首先，在师资力量方面，通过人工智能技术能够突破时间和空间的制约，每个学生都能享受到同样的师资授课和课程资源，缩小了在师资和课程资源上的差异。例如未来AI教师能够了解学生的思想，能按照最合适的速度为他们单独授课，还知道如何激励他们，了解他们什么时候会疲倦，什么时候会注意力不集中。

其次，在班级规模方面，人工智能技术使得未来学校的孩子不需要在30人以上的教室里集中学习、学习同样的内容，因为这会忽视学生的个性化的需求，而是进行一对一学习、个性化的学习。根据学生的学习进度也可能会被分到不同的班级，班内有10

个、20个，甚至更多的学生，主要是因为这些孩子学习内容相同，但每个学生都能享受个性化的学习计划。每天他们都会花一些时间来使用计算机或者听音频进行自主学习，剩下的时间进行讨论和交流。

最后，AI教师会全面掌握每个学生的学习情况，了解他们的心理状态，并能够帮助他们完成学习任务。教师和AI教师则需要在课堂上监督每个孩子的学习状态，掌握每个学生的学习进度，组织提问讨论，同时还会根据需要组织课内外的各种实践活动。人工智能技术能使学生学习更容易，更有效率，进度更快，学习更轻松、快乐。最好的老师和最小的班级也不再是少数人的特权，世界各地具有不同背景的孩子都能享受到优质的教育服务。

总之，在现在的教育模式下，部分学生觉得上学只是为了履行义务，而不是为了自己，存在着一种错误的观念：只要离开了学校，就不用学习了。人工智能帮助更多人发现学习的乐趣，保持他们的好奇心，培养终身思考的习惯。学习是无止境的，充满了魅力。

第五节　人工智能时代教育的挑战

人工智能与教育相结合已经极大地改变了学习者的学习形态，从学习行为的分析、个性化学习资料的及时推送、课堂学习状态的实时监督到区块链技术带来的综合素质能力评价，无一不渗透着人工智能技术的应用。然而，在教育领域，真正地了解人是如何学习的，并尊重学习者的成长规律和价值塑造，远比单纯地采用技术方法提高效率，减轻工作负担更为重要。人工智能与教育结合面临诸多挑战，如何有效地应对这些挑战将是人工智能更好地服务教育、造福人类的根本保证。

一、人工智能时代教育的数据挑战

人工智能是以大数据为基础的智能分析技术。在教育大数据层面，面临着技术和政策相互交叠的现实挑战。

当前，教育数据存在数据不足、不均衡、非结构化、离散、非标准化等诸多问题。例如，采用深度学习算法进行MOOC的辍学率预测研究面临的一个突出挑战是样本数据不均衡。这是因为机器学习算法的有效性需依赖于大量正向和负向样本的可用性。然而，从哈佛大学公布的edX数据集中就可以看出，在641138名注册学生中，只有17687人获得了认证，即只有少部分学生获得了认证。这种观测样本数据的显著差异影响了深度学习算法模型的泛化能力，使其在应用于教育数据时不能有效发挥模型的最大功能。

此外，教育数据中还包含了大量的非结构化数据，同时缺失值非常多。大量缺失值的存在使得众多的技术方法无法有效应用，研究人员不得不采用缺失值替代的方法解决这个问题。但对于教育领域来说，每一个教育个体都需要被关注、被研究，大量替代缺失值的平均数据会使样本数据的真实性大打折扣，也会进一步影响到对分析结果的归因和解释。另外，由于缺乏可用的统一数据标准，在一个平台上可用的技术方法在另外的平台上则不具备互操作性，即智能算法不能实现平台的迁移。

更进一步，人工智能技术的实现是建立在大量的数据训练集和自动判别筛选上的，尤其在具有鲜明个性特征的教育领域中，海量教学数据作为底层数据基础被用于AI教育产品的开发中，这使得学生和教师社会交际、教学行为习惯等隐私被泄露的风险大大增加，数据安全受到质疑。任何技术发展都不应该以牺牲人类隐私为代价，因此需要做好数据保护工作，保证师生对自身数据具有所有权和控制权，并寻求在立法和道德规范上加强对私人数据的管理和保护，将数据被泄露和滥用的可能性降至最低。

二、人工智能时代教育的技术挑战

人工智能技术的高速发展使得教育领域对技术的依赖也日益增强。教育活动是复杂的系统活动，涉及教师、学生、管理者等，教学业务随学科、地区、教师教学手段、应用场景的不同而产生巨大的差异。因此，教学活动的复杂性对人工智能技术向教育领域的迁移提出了更大的挑战。通用的人工智能技术以及在商业及金融等领域运用的人工智能技术方法，并不能直接应用到教育领域中，其必须在充分考虑人的认知学习规律的基础上，结合不同的教育场景做出适应性改变，满足教育教学服务人的发展的本质要求。

人工智能技术目前的发展还非常不成熟，虽然在语音识别、文字识别、图像识别方面有了较大进展，如可以拍照搜题、自动批改作业等，替代部分教师的基础工作，但是在情感技术、自适应学习、人机交流、自动导学等方面仍存在较大的技术鸿沟。在教育领域，创造性的教学工作以及学生情感价值观的培养等是否能够借助人工智能支持和决策还面临较大的技术挑战。同时，人工智能教育应用大多还处于实验室研发的概念阶段，教育应用的空间还有待扩展。《北京共识》中指出，各国要引领实施适当的政策应对策略，通过人工智能与教育的系统融合，全面创新教育、教学和学习方式，并利用人工智能加快建设开放灵活的教育体系，确保全民享有公平、适合每个人且优质的终身学习机会，从而推动可持续发展目标和人类命运共同体的实现。

三、人工智能时代教育的伦理挑战

伴随人工智能技术在教育领域中的快速部署，AI在教育环境中的作用愈加明显。AI模型已经被应用于各种教学管理和决策场景，如辍学预测、智能评价、情绪识别、注意力诊断等。AI的教育评价和决策系统不断在教育领域得到推广，其安全性和公平性等问题却面临潜在风险。

人工智能技术在教育领域所面临的伦理问题已经受到各界关注和重视。2017年，中国发布的《新一代人工智能发展规划》中强调，必须认真管理好AI的技术属性和社会属性，以确保AI可靠性。2019年5月，由联合国教科文组织发起的首届人工智能与教育大会在北京成功举办。会议的重要成果是审议并通过了《北京共识》，形成了国际社会对人工智能促进教育发展未来的共同愿景。在《北京共识》中特别强调：要高度重视人工智能促进教育发展的伦理问题，尽快制定人工智能应用于教育的伦理框架，要恰当使用教育数据、教师学习者的个人数据，以保护学生和教师的隐私和个人数据安全。2019年，中国科技部成立国家新一代人工智能治理专业委员会，发布《新一代人工智能治理原则——发展负责任的人工智能》。

这些政策的出台表明政府及学术界都意识到了AI教育应用的安全性和公平性问题，并呼吁采取有效措施解决这些问题。AI教育伦理准则、AI教育可解释性、AI教育安全测试、AI教育应用准入标准、AI教育应用伦理评估方法等都急需完善，并需要对其进行深入研究。

在人工智能教育应用的安全领域，伦理问题已备受关注。机器学习先驱彼得·诺维格（Peter Norvig）说过，尽管基于数据驱动的AI技术已在很多方面取得了巨大的成功，但关键的问题是如何确保新技术和智能系统可以改善整个社会，而不仅仅是控制主体。从教育领域来看，首先，从标记图片、自然语言理解到虚拟空间探究学习，AI已经在许多实际应用中体现出价值，现在面临的挑战是如何确保每个学生都能从这种技术中受益。例如，5G能高效地整合和分析学习者多元的学习和生活行为，结合人工智能算法给予学习者推荐策略；人脸情绪识别和生物电信号采集等被应用于教育课堂注意力及情绪研究中。确保这些技术应用及其解释的高度可信才能保证其在真实课堂的应用，否则对学生带来的误判本身就会造成技术伦理方面的争议。其次，实验研究与教育实践仍具有显著差异，在人工智能技术进入教育实践中时，要冷静对待技术伦理问题，避免对学习者产生不良影响。

当前，在教育领域，国内外尚未形成公认的人工智能应用伦理规范准则，应尽快制定一套受到各方认可的人工智能教育应用伦理框架，保障人工智能教育在教育实践中健康发展。

第六节　人工智能应用于教育的趋势

一、个性化自适应学习

个性化自适应学习是人工智能教育应用最核心的价值所在。当前，教育对个性化学习的诉求越来越强烈。一方面，大规模在线开放课程MOOC的蓬勃发展使得在线学习的人数不断增加。针对在线学习具有的学生自定步调、高度自由的学习特征，MOOC需要为学生提供更好的个性化服务以确保学生的最佳表现。另一方面，民众对高质量教育的诉求越来越强烈，个性化的因材施教是每一个教育者和受教育者追求的理想目标。

人工智能技术在语音识别、自然语言处理方面日渐成熟，AI智能导师越来越多地应用于教学场景。自动化阅卷将帮助教师从大量繁重的基本教学任务中脱离出来，从而有更多的时间陪伴学生以及进行创新性的工作。AI智能导师可以自动定制课程作业和期末考试，以确保学生可以获得最佳的帮助。同时，研究表明，即时反馈是成功辅导的关键因素之一。通过AI驱动的应用程序，学生可以从教师那里获得具有针对性和定制化的辅导响应，教师可以根据学生在学习课堂资料方面面临的困难来指导学生。智能辅导系统能够提供快速反馈并直接与学生合作。尽管这些仍处于起步阶段，但未来其一定更加成熟，为任何有教育需求的学生提供帮助。

二、虚拟化仿真教学

人工智能技术与大数据、云计算、VR、增强现实技术能够有效融合以改善课堂教育环境。VR/AR技术用于教学资源、实验操作、实践活动等场景，将抽象复杂内容进行可视化、形象化呈现。因而结合VR/AR的虚拟仿真教学是创设情景化、交互化教学场景的直接、有效手段，是促进教学创新发展的重要途径。VR与增强现实可以建设智能虚拟仿真课堂及实验环境，极大地提高学生与自然环境的交互体验感，并以更自然的形式对用户进行反馈，使得教学在沉浸感、交互性、开放性、智能化不同的维度得以延展。如学生在地理课上通过虚拟画面看到沙漠变绿洲、绿洲变沙漠，在生物课上通过虚拟画面看到恐龙如何进化，在化学课上模拟带爆炸性的实验等。

VR/AR 虚拟仿真实验环境建设可以探索利用视觉、触觉反馈与沉浸式环境相结合的特征，将教学内容和虚拟仿真实验环境进行交互设计，强化学生对缄默知识的理解，增强实验体验感，激发学生学习兴趣。同时应对装备研发、实验项目、教学方法、教学效果之间的关系进行深入研究，获得有效性验证。VR/AR 技术可以应用在教育培训中，如探索利用先进的力反馈装置、体感识别等技术开展艺术、制造、医护、抢险等领域的技能实操训练，利用 VR 技术进行儿童安全教育等。VR/AR 技术还可以引入教学场景，应用于学科教学中不便于操作的危险实验或真实环境中的成本过高不可操作的实验。同时，其可以探索沉浸式、高融合的 VR/AR 课堂装备的优化与研发，并通过配套的 VR/AR 教学资源库，提升课堂教学效果。

三、智慧化自动评价

人工智能技术的应用，丰富了现有的教育评价方法和手段，使得评价更重视过程性信息和面向人的全面发展的全方位教育质量评估。北京师范大学原校长董奇在 2019 年"人工智能与教育大数据峰会"上发表主题报告，指出人工智能技术对推动教育评价、深化教育体制改革的重要作用。21 世纪，学生创新能力、合作精神等被国际社会广泛重视。然而，常规教育评价很难达成对这些隐形特征的综合评估，基于量表评价的基本方法难以大规模应用及普及。

采用人工智能技术方法的教育评价将借助机器学习、深度学习在自然语言语义理解、图像视频语义理解等多方面的能力，实现更加多元、精准的过程性评价，促进学生的个性化学习和可持续发展。由于语音识别、自然语言处理等技术的发展，以及深度学习方法的技术突破，基于语音的测评得到了巨大的发展，自动口语测评系统呈现出一体化智能化趋势。同时，基于字符识别技术、语义分析技术以及深度学习技术，智能自动作业评测系统在未来可以代替教师实现大部分基础性的评阅工作，该系统也可以在评阅的同时提供个性化指导与测评诊断报告。

四、科学化教学管理

智能教学管理是教学活动开展的核心内容，其科学决策功能在未来将被人工智能技术改变。在早期，"有限理性"和"满意即可"是管理决策的两个基本原则，而人工智能的决策模式正改造着它们的前提条件，使其向着"极限理性"和"最优化决策"的方向演变。人工智能所拥有的海量信息收集能力能够帮助决策者减少决策误差和偏见，如利用算法预测学习结果，能够分析以往平台中数以万计的学习者的历史学习数据，在月活动或者更短的周活动中，可以预测学习者即将发生的学习活动及学习状态，使得教师的教学管理、监督和预警变得更为及时和有效。

在更广泛的维度上，人工智能技术将促进智慧校园的发展，极大地提高教育管理的效率和科学性。伴随人脸识别、表情识别、物联网、云计算平台进入校园基础设施建设，学生及教师等不同主体将实现身份识别、考勤、安全、服务等校园一体化信息整合，通过人工智能技术构建智能感知校园环境，实现多场景数据的互通，满足线上线下信息融合，为更优化的校园统筹管理和决策提供服务。

第二章
人工智能时代教育行动的方向

随着移动互联网的普及，以及可穿戴设备和物联网（包括车联网）的快速发展，地球信息圈正在快速成型。从00后尤其是10后开始，他们会觉得现实世界和信息世界没有本质区别，他们与地球信息圈之间就像是鱼和水的关系。他们是纯粹的信息体，因为他们从小就习惯于在线上获取资讯、搜索知识、开展社交、进行购物、享受娱乐……

在地球信息圈的发展进程中，人工智能社会虽然比信息社会更高级，但其经济本质上还是围绕信息、数据展开的。这一代纯粹信息体长大后的核心工作内容，就是处理不断变化流动的信息。

新一轮教育革命要做的，是让这些纯粹信息体具备强大的信息处理能力，包括利用人工智能处理定量信息的能力，以及发挥自身处理使命、意义、情感等定性信息的能力。

如何确立面向人工智能时代的教育行动方案？新教育行动方案有必要从信息社会的成功教育经验中汲取养分，因为人工智能社会是建立在信息社会技术之上的。

第一节 养成信息化的思维

人工智能时代的劳动力可以被分为截然不同的两类：高人工智能商数（AIQ）的（擅长利用智能机器，技能与智能机器互补）和低AIQ的（不擅长利用智能机器，技能与智能机器无法互补，甚至正面竞争）。

AIQ正如情商（EQ），要从小培养。AIQ教育的目的是通过动手练习，让孩子们习惯于用信息化/数据化的眼光看待现实世界。

一、AI 教育从边缘到主流

每一次时代转型，本质上都是一次知识转型。

以中国近现代史为例。近代以来，中国社会要解决的核心问题是：传统社会积累的丰富农业知识，在工业化时代没用了，必须更新。20世纪80年代后的40多年间，中国从计划经济转向市场经济，成了举世瞩目的工业大国。这背后的实质是几亿种田农民掌握了现代工业、服务业的知识，是契约交易知识、国际贸易知识、企业管理知识、现代金融知识、IT互联网知识的大规模普及。

今天人们面临新一轮时代转型，向全民尤其是向少年儿童普及人工智能知识，实现新一轮知识转型，是全社会顺利进入人工智能时代的奠基性工程。

美国、日本、新加坡等发达国家都已经意识到AI教育进课堂的必要性。

美国白宫科技政策办公室在《为人工智能的未来做好准备》中介绍，美国各个级别的教育机构都在设立和发展人工智能项目，大学院校甚至中学都在扩充人工智能和数据科学课程。白宫科技政策办公室还建议在中学乃至小学就引进数据科学课程。

日本的知名人工智能专家松尾丰呼吁，让日本国民都能通过基础科目学习掌握人工智能知识。日本的机器人教育开展得比较早，福冈县有个机器人广场，人们可以看到143种机器人，还可以和很多有趣的机器人互动，比如会卖萌眨眼的海豹机器人、古代侍女机器人、Hello Kitty机器人以及陪老年人聊天的机器人，让人大开眼界。感兴趣的孩子们还可以参加培训班，学习一些与机器人制作有关的知识。2009年的"机器人世界杯"共有来自全球的15支参赛队伍入围，其中有6支队伍来自日本，在这6支队伍中，又有3支队伍来自福冈的机器人广场培训班。由此可见，日本的"机器人教育从娃娃抓起"是走在世界前列的。

2014年7月，新加坡教育部部长王瑞杰宣布，未来3年，新加坡将有1万名中小学生参加机器人设计计划，学习编写机器人的程序。新加坡资讯通信发展管理局与新加坡理工学院联合推出机器人设计计划（RMA），希望通过趣味游戏培养中小学生的计算机思维及掌握基本的编程技能，造就未来的科技专才，为新加坡成为"智慧国"的愿景铺路。

再来看中国的情况。2016年6月，共青团中央的直属单位"中国青少年发展服务中心"与贝尔教育集团签署战略合作协议，共同开展"创造未来"青少年机器人教育促进行动。

在"AI元年"签署这样一份重量级的协议，是中国的机器人教育从边缘进入主流的标志性事件，意味着面向人工智能时代的教育革命吹响了号角。

AI教育进课堂要遵循怎样的指导思想？要回答这个重大问题，需要回顾科技教育先驱西摩尔·帕普特（Seymour Papert）的思考与实践。

帕普特具有跨学科的深厚素养：他在24岁和30岁时先后拿到两个数学博士学位，然后到瑞士日内瓦，追随著名心理学家皮亚杰（Jean Piaget）学习儿童发展的理论，再后来他参与创办了麻省理工学院（MIT）的人工智能实验室，也是后来成立的MIT媒体实验室的创始教员。这段宝贵的跨界学习经历让帕普特具备了将科技和教育结合起来的能力。

进入20世纪60年代后，帕普特开始思考怎么用电脑来帮助儿童更好地学习。他发明了LOGO编程语言（LOGO源自希腊文，原意为思考），也成为20世纪下半叶建构主义学习理论的代表人物。帕普特一生致力于理解儿童是怎么学习的，儿童到底在学习什么，怎样才能更好地帮助儿童学习。

帕普特有句名言：我们要关心怎么才能让孩子对电脑进行编程，而不是让电脑对孩子进行编程。他的意思是要让孩子通过电脑这一媒介来表达自己，并且将自己沉浸在各种有力的思想当中，而不是把学电脑变成灌输式的教育。

帕普特为此发明了以绘图为主要功能的LOGO编程语言。对于儿童来说，"画画"比"文字处理"更具有活力，能充分发挥自己的想象进行创作。这一语言与自然语言非常接近，简单易懂，孩子们一天就能学会。在LOGO的世界里有一只小海龟，孩子们可以通过输入向前、后退、向左转、向右转、回家等指令，让海龟在画面上走动，孩子们还可以让小海龟以加速或减速移动，也可以让小海龟重复某一个动作。这套编程语言非常适合儿童的知识水平，使儿童更容易上手。

同时，这些指令看似简单，但如果能将其进行合理的组合和排序，就可以创造出各种东西，比如人、房子、汽车、动物、抽象图案等。孩子们可以一边玩，一边掌握加速度这样的物理概念，他们甚至能用LOGO来学习包括微积分在内的各种高等数学知识。

图灵奖获得者艾伦·凯（Alan Kay）受帕普特观念的影响，于2004年参与发起了"100美元电脑"项目，项目的宗旨是让每一个孩子都能用得上电脑，而且贯彻了帕普特提倡的让孩子对电脑进行编程的精神，推出内置了许多学习软件的OLPC电脑。这些学习软件都是开源的，而且很容易找到源码，孩子可以自行修改这些软件，来满足自身需要。

今天推进AI教育，给儿童开发软件时，也要传承"让孩子对电脑编程"的精神，保护和发展他们的创造力。

帕普特是一位数学家，其分析世界的思路不同于常人，从城市交通、空气污染，到桥梁结构、地质演变，再到经济活动以及人际互动，他都能用数学模型来促进理解。他相信小孩子也能学习这些模型，电脑则是培养这种思维方式的最佳工具。他用LOGO编程语言创造出能够让孩子发挥其好奇心的环境，孩子们在对程序的不断调试中，看到了各种思路的有效性如何。

通过编程让孩子们加深对整个世界的理解和认识，养成信息化思维——帕普特的思想是开展AIQ教育的基石。

二、动手是发掘创造潜能的重要方法

人类的大脑扩容过程始于智人逐渐使用发明的新工具，大脑中有很大一部分区域是用于控制手的。因此，动手是发掘创造潜能的重要方法。

比如日本的设计大师柳宗理始终坚持用"手"进行设计。他经常不画设计图，而是直接动手制作实物大小的石膏模型，用手拿捏、抚握、思考、修正。他的理由是产品是手要使用的东西，所以当然要用手来设计，用手去感受，手上便会有答案。

很多创意都是在动手的时候产生的，手上的动作会刺激大脑的思考。比如实验科学家的思想火花、灵感和创意往往是在做实验的过程中迸发出来的，动手操作是思考过程中不可或缺的重要环节。

总之，动手会触发光靠思考无法得到的主意，"用手思考"和"用脑思考"具有同等重要的意义，这理应体现在教育中。教育家蒙台梭利很好地实践了这一教育原则。

管理研究专家杰弗里·戴尔和赫尔·葛瑞格森采访了500位著名的创新者，发现他们之中有相当一部分人是在蒙台梭利学校就读的。蒙台梭利教育体制培养出的毕业生包括谷歌的创始人拉里·佩奇和谢尔盖·布林，亚马逊创始人杰夫·贝佐斯，维基百科创始人吉米·威尔士。

蒙台梭利课堂强调自主学习、动手实践并真实接触动植物等多种多样的素材，课堂风格也相对自由、松散。可见"做中学，玩中学"的教育模式擅长培养创新精英。

美国教育很好地贯彻了"做中学"的原则。从幼儿园到大学，美国的孩子不停地做各种各样的项目，比如用积木搭大桥，手绘图书讲完一个故事，到大自然和社区中做调查研究，参与教授主持的项目……由此可见，通过动手实践来学习，知行合一，是美国教育的一个核心价值观。

再向前追溯，2500多年前，孔子传授六艺，就是一种实践教学法，比如六艺中的"六艺中的御"。在驾车的过程中，如何让车辆保持匀速运动，如何让拉车的马匹在保持速度的同时节省精力，如何控制、激发几匹马之间的合作，这些技巧锻炼了一个人的分寸感和尺度感。学习驾车的过程就是学习领导之道的过程，这是典型的"做中学"。孔子教学生射箭，也不是希望学生成为优秀的猎手，而是让他们在学射箭的过程中，磨炼心智的定力，这也和领导之术紧密相关。孔子的学生是以天下为己任的，但孔子却用看似无关的平常技艺来培养这些精英，这个教育思想很值得重视。

总之，在人工智能技术越来越先进的年代，应该越来越重视看似原始的"做中学"。儿童教育尤其如此，他们特别喜欢玩游戏，因为他们主要是用手来激发思考的。正如大教育家苏霍姆林斯基所说：儿童的智慧在手指上。孩子们小时候习惯于和机器一起愉快玩耍，长大了就能和机器一起高效工作，这是游戏化AI教育的意义所在。

第二节　发挥信息处理天赋

现实世界中的信息类型丰富多彩，有视觉信息、听觉信息、文字信息、数字信息等。文字信息又分为哲学、历史、小说、广告文案……每个人都能处理很多类型的信息，但在分工型社会需要人们开发自己的智能天赋，从事最擅长的信息处理工作。同时，为了与擅长处理单一任务的人工智能区别开，提升竞争优势，每个劳动者都应在专长基础上掌握多维技能。

一、对于信息把控的一专多能

随着机器翻译的持续进步，未来一般的知识类、信息类翻译，会被人工智能替代。人类翻译对准的将是高端市场，比如文艺小说的翻译，这需具备较好的艺术、文学修养和知识储备。同时，人类翻译还可以借助机器翻译进一步提升自己的翻译质量。

翻译代表了很多职业在人工智能时代的变化趋势，未来的劳动者都要具备AIQ，还要一专多能——不同于每门课都拿到百分之八九十的分数，就能考上重点大学或保送研究生的平均主义策略。

比如翻译对中英文的精通是"一专"，对艺术、文学的修养和多学科知识的储备是"多能"；再比如制作《阿凡达》《星际迷航》这样的电影，不仅要有非常专业的电影拍摄技术，还要求创作者具备深厚的底蕴、恢宏的气势，如此才能贡献巨大的创新成果。

如何实现"一专"？

努力和坚持不可缺少，但热情是首要的，年轻人要做自己最有热情的事情，这样才能做出最棒、最有创意的成果。

硅谷的那些创业精英，比尔·盖茨、乔布斯、扎克伯格等，都是从小就对电子科技充满了热情，这份热情让他们在专业领域持续精进，创造了让世人惊叹的产品。

经济学家陈志武曾感慨，在他这么多年教过的学生中，真正因为自己喜欢而研读经济学、金融学的是极少数，绝大多数是因为父母的压力和安排。既然他们都不是因为自己真实的兴趣而为，那么即使获得金融学博士、经济学博士但在职场上表现一般甚至很差，就不足为奇了。

发展专长最靠谱的策略是基于兴趣，正如孔子所说："知之者不如好之者，好之者不如乐之者。"

每个孩子都有自己的爱好和才能，有些孩子可能对所有艺术一点兴趣也没有，但对军舰、武器或篮球、游泳有兴趣。家长和老师要做的是呵护，而不是扼杀这份热情。

思想家、政治家梁启超有杰出的教育理念。他一共有九个子女，其中有梁思成、梁思永、梁思礼三个院士，其他的子女也都是各行各业的精英，比如长女梁思顺是诗词研究专家，三子梁思忠曾任十九路军炮兵校官，在淞沪会战中表现突出，次女梁思庄是著名图书馆学家。因此人称"一门三院士，满庭皆才俊"。梁启超热爱每个子女，他会给子女提建议，但绝不会把自己的意愿强加给他们。梁启超的子女学的大多不是当时的"热门专业"，但凡是真心喜欢，且对社会有益，他必定全力支持。次子梁思永立志投身考古，他便亲自联系当时著名的考古学家李济，自掏腰包，让梁思永有机会参加实地考古工作。长子梁思成主修建筑史，梁启超深知这个专业找工作不易，但依然全力支持儿子的学业。梁启超认为，一定要根据兴趣来决定发展道路。

从社会发展的角度来看，如果家长都不顾子女兴趣去选择学校和职业，那么社会中的各项工作都会是那些对此并没有兴趣、更谈不上热情的人在做，全社会的幸福感、经济效率和创造力无疑都是不高的。

著名画家陈丹青经常会遇到一些家长，问自己的孩子应该怎么学画，怎么能够画得像他这样好。陈丹青反问说，教育的真正问题不在这个地方，问题是你了解不了解你的孩子；你在不在冷眼观察他，他喜欢什么事情，讨厌什么事情。

家长要成为优秀的侦察兵，细心观察孩子的好恶，不能让百度搜索引擎比自己更了解孩子的爱好和梦想；然后家长要引领孩子走向他感兴趣的地方，在那个环境中耳濡目染，与志同道合的同龄人一起交流成长。

家长务必克服自己的"家长欲"，不要强行带孩子去他不想去但家长自己感兴趣的地方。很多人被问起自己的兴趣是什么时，一脸的迷茫，这主要是因为受到家庭或学校的扼杀。一方面，小升初、中考、高考带来的压力，会让家长和老师强力督促孩子的课业学习，不断减少孩子发展兴趣的时间；另一方面，家长习惯于管控孩子的行为习惯，当孩子们做一件事（比如弹琴、画画或组装玩具）做到废寝忘食时，家长会强势打断，一会儿让孩子快去吃饭，一会儿又让他停下来去洗澡或睡觉，这就是在不断破坏孩子非常难得的专注度。当孩子全神贯注做事的时候，家长要给予时间上的灵活度。

当看到孩子非常专注于某件事，就可以确定孩子有了这种兴趣。接下来的问题是，怎样才能让孩子保有这种热情？

最好的办法是借鉴游戏里的机制，因为孩子们最容易对游戏上瘾。家长要把"兴趣

"培养"设计得像游戏一样，把孩子黏住，让孩子自发地进入一个正向的循环中，越学越带劲。

首先，借鉴游戏的反馈机制，给孩子基于事实的表扬。

游戏通过天上掉金币、装备或经验等反馈，让人觉得做这件事很带劲。表扬就是对孩子的反馈机制。越来越多的家长已经意识到这一点，但很多家长容易进入表扬的误区。纽约大学精神病学博士朱迪丝·布鲁克（Judith Brook）提醒家长，幼儿会对各种表扬都信以为真，7岁以上的孩子与成人一样，会对表扬心存疑虑。所以，表扬必须基于事实——孩子掌握的一些技能，或拥有的天赋。

表扬孩子有一个大忌，是让孩子形成这样的观念：智力是天生的。家长会有意无意地通过种种言语让孩子形成这样的观念，例如总是夸孩子聪明，而不是夸孩子努力、有毅力、能从挫败中成长。一旦形成智力天生的观念，孩子就会无法忍受长期奋斗的煎熬，容易自我放弃。此外，孩子还可能养成另一个习惯，避开高难度的事情，因为如果做得不好就会对自尊形成打击，而不去尝试的话还有可能自欺欺人，自己不是做不到只是不想做。不去尝试的话就不会有提高，失去深度开发自身潜能的机会。

孩子通过自己的努力不断取得进步和成果，才是建立信心的正道，而不是在老师家长毫无根据的夸赞下自我陶醉。靠着虚幻的赞美培养出来的自尊，鼓励的是懒惰，而非努力进取。形成这样的心理倾向的人内心十分脆弱，将无法应对变化莫测的未来世界的挑战。

其次，借鉴游戏的打怪升级机制，强化仪式感。

在美国中小学里很火的童子军，像游戏一样，有一级一级的头衔，这样孩子就会有为了升级而坚持下去的动力。这种仪式感能让孩子觉得自己做的每一件小事都得到了尊重。

除了设计勋章或积分表，家长还有不少别的方式强化仪式感。比如把孩子写的故事、作文或绘画作品设计成一本像模像样的书，在亲友圈里和同学圈里传阅；再比如请一些亲友参加孩子的演奏会，这会让孩子觉得，我努力学钢琴，因此我的演奏得到了很多正面评价。

纯粹靠兴趣就能坚持下来的事情并不多，通过表扬和仪式，可以增强孩子的训练热情。而刻意训练和增加兴趣是相辅相成的，每当孩子突破了自身的限制，他对这件事情的兴趣就会增强，并促使他进一步刻意练习。这个正循环一旦启动，兴趣往往就能坚持下去。

除了观察和保护孩子的兴趣，要开发孩子的天赋智能，还要注意避免形成"负向心理循环"。

人类智能是多元化的，自己到底在哪个领域最有潜力，有一个探索的过程，一个人不应该轻易形成对自己的负面看法。如果你认定自己不是学外语的材料时，就能发现很多"证据"来证明自己的结论。比如，刚开始学外语时，其实很多人都会觉得困难，熬过最初阶段就好了。如果你认为自己不是学外语的料，努力了一两个月没看到成效，就会强化对自己的成见，就坚信自己学外语不行。于是，本来再努力几个月就能体会到明显进步的外语水平，就止步不前了。要是偶尔有一次完形填空题都做对了，你只会想着这次真是走了大运了，而不会觉得自己在外语方面还是有潜力可挖的。而每次没考好都会让自己更加坚信自己是何等的不可救药。

所谓负向的心理循环，就是用失败的信念不断制造失败的事实，然后失败的事实又进一步强化失败的信念，如此不断恶性循环，最后就真的无可救药了。因此，在开发孩子智能的过程中，要注意循序渐进，不要一下子让他学习超出其年龄能力的东西。孩子在不切实际的期望之下学习难度过高的东西，很有可能学不会，因此产生巨大的心理压力，最后干脆得出"我不行"的结论。

要建立"正向心理循环"，方法就是前面强调的一定要让孩子干自己最喜欢的事情，因为孩子在自己最喜欢的事情上会表现得最出色，可以最真切地感受到自己的才能。成功的事实创造成功的信念，成功的信念又创造成功的事实，如是循环，天赋潜能就能得到充分开发。

我没有特殊的才能，我只是激情般地好奇——这是爱因斯坦的一句名言。十多年前，有4位物理学诺贝尔奖获得者到清华大学理学院与学生座谈，当被问到什么是科学发明最重要的要素时，他们没有说是基础扎实、数学好，甚至没有选择勤奋、努力，而是不约而同地提到了兴趣与好奇心。

除了根据孩子的兴趣和热情开发其天赋潜能，形成"一专"优势，在其成长过程中还应形成"多能"——多维竞争的优势。比如奥运冠军都有"一专"，而郎平在自己做得最好的维度之外，开拓了教练这个维度，李宁则开拓了商业这个维度，这使得他们在众多奥运冠军中脱颖而出。

越是看似不相干的维度组合起来，越有可能获得极大的利润。典型例子是苹果手机在软、硬件性能维度之外，开辟了艺术设计维度，成为公认的行业领袖。所以，在建立专长的前提下，坚持跨界学习、开发多元智能，实力或竞争力的提升将能上好几个台阶，最终带来的回报是巨大的。

二、把管理孩子变为引导孩子

教育的英文单词 education 是苏格拉底发明的，是三个词根的拼写："e"是向外的意思，"duce"是引导，"tion"是名词，引导出来。因此"教育"就是把一个人内心天赋和热情引导出来，帮助他成长为自己的样子。

从工业社会发展起来的教学"以老师为中心"，习惯于"管理孩子"，也就是以管束孩子的行为为主导。想要"管理孩子"就会制订各种各样的规则、制度，这些规矩会让人像机器一样运转。

人工智能时代的教学要"以学生为中心"，回归教育的本意，从管理孩子转向"引导孩子"，用启发式教学点燃孩子头脑中的精神之火，让他们在热情的驱动下自发地奋斗，充分发挥出自己的天赋潜能。

引导孩子的第一法则是"以身作则"，父母要成为孩子的偶像，激发出孩子自我实现的热情。

不管从事什么职业，父母都要尽最大努力去开发自我。要想培养优秀的孩子，就要先提高父母的能力。做到这点，反而会比无条件牺牲更难。但是，这才是真正爱孩子，也爱自己的父母要选择的路。

作为教师，也要成为孩子们的榜样。教育名家李镇西总结道："有时想想，教育其实很简单的。就是先让自己善良起来，丰富起来，健康起来，阳光起来，快乐起来，高贵起来，然后去感染孩子，带动孩子，让孩子也善良、丰富、健康、阳光、快乐、高贵。除此之外，还有教育吗？现在最大的问题是，教育者缺乏的，却要让学生拥有。岂非缘木求鱼？"

引导孩子的第二个原则是"以理服人"，避免孩子"口服心不服"，这样最有利于孩子的心智成长。

随着美国高等教育的日益普及，许多劳动阶层的子女也纷纷进入大学读书，但他们的表现明显不如父母是大学生的中高产阶层子女。美国的教育学家、心理学家、人类学家和社会学家对此进行了大量的调查研究，得出的原因是这两个阶层的家教模式截然不同。

劳动阶层的家教偏向于权威式，更多地使用体罚，经常对孩子下简单明了的指令，要干这个或不能干那个。他们培养的是礼貌听话的孩子，习惯于服从，不善争辩。中产阶层的家教讲究说理，家长对孩子要平等得多，对孩子绝不轻易说"不"，孩子如果要干一件家长所不容许的事情，家长就会和孩子磋商。家长如果讲不出道理来，就没有理由阻止孩子干自己想干的事情。

人类学家雪莉·布里斯·希思（Shirley Brice Heath）认为，阅读这个细节很能反映两个阶层教育理念的差异。劳动阶层和中产阶层一样爱自己的孩子，也同样花时间给孩子读书，但他们在读书方法上有很大的不同。中产阶层父母在给孩子读故事时，鼓励孩子问问题，并通过问题帮助孩子探究故事的内在含义。劳动阶层父母很少让孩子提问，也很少解释，他们更多地使用直接的指令，比如"别乱动，认真听故事"。劳动阶层的孩子在小学时能完成阅读训练，但缺少对故事的评价能力，无法回答"如果你是故事中的孩子，你会怎么做"这样的问题。因为他们经常被呵斥"闭嘴"，或被置之不理，逐渐丧失了和外界沟通的欲望和信心，接受的外来刺激也不足，影响了其心智发育。相比之下，中产阶级的孩子在阅读时，想象力和创造力要好得多。因为他们从小被鼓励和外界沟通，发出自己的意见和声音，智力发育就比较充分。

薛涌曾在耶鲁大学读博士，毕业后又在美国的一所普通大学执教多年，对美国不同层次大学的学生素质有着近距离的观察。

美国常青藤大学的学生多属于中高产阶层子女。他们从小就养成了讨论的习惯，有较强的思考能力和辩论能力。他们擅长把具体的事务归纳成抽象原则，也能把抽象原则运用于具体事务。他们比较自信，敢于为自己的利益去据理力争。不论是在学校还是在工作单位，这些素质都有助于他们表现出众。在课堂上，他们常常不等老师讲完就打断老师的话，又是提问又是讨论，甚至直接对老师进行反驳。这样一堂课下来，大家对一个问题从各种角度都进行了讨论，不仅对所学内容消化充分，而且发现了许多新见解和老师或课本疏忽的问题。这样的学生在职场也能让同事和上司深受启发，升职加薪的速度自然慢不了。

美国三四流大学的学生主要是劳动阶层子女，这些学生总是老师讲什么就听什么，很少有人提问。有时候薛涌提问，有的学生一说话人就慌，连个简单的句子都讲不完整。这样的学生毕业后在公司的会议上往往也是一言不发，这样的话，公司凭什么重用他们，甚至凭什么雇用他们呢？

看过了美国教育的成败得失，中国的家长都应该认真思考：自己的教育模式是更接近美国的劳动阶层家教还是更接近中产阶层的家教。如果真心希望孩子从学校到单位都很成功的话，就要用平等对话的方式促进孩子的心智发展。

以平等心态对待儿童方面，鲁迅做得不错。

鲁迅的儿子周海婴喜欢拆玩具，鲁迅就随他去；海婴要看商务印书馆的《少年文库》，妈妈许广平以为太深，要大些再看，鲁迅站在海婴一边，"任凭选阅"。海婴要和鲁迅玩，鲁迅总是放下手头工作陪他玩；鲁迅在写作时，海婴有时会在笔头一拍，顿时纸上便是一大团墨迹，鲁迅只是停下笔说一句"唔，你真可恶"。海婴还喜欢帮父亲选写信的信笺，"以童子的爱好为标准，挑选有趣味的一页"，父子经常在这个问题上产生拉锯战，有时父亲妥协，有时儿子让步。

鲁迅在儿子四岁多时写了一篇童书评论《看图识字》，谈了他的儿童观，今天读来仍很有启发性："孩子是可以敬服的，他常常想到星月以上的境界，想到地面下的情形，想到花卉的用处，想到昆虫的言语；他想飞上天空，他想潜入蚁穴……"然而我们是忘却了自己曾为孩子时候的情形了，将他们看作一个蠢材，什么都不放在眼里。在敬服孩子方面，小米手机创始人雷军是积极的实践者。他主动要求做女儿的学生："我基本不看着孩子做作业，有时我问她哪门科目最好，她说英语最好。我说我数学最好，要不你教我英语，我教你数学。她很开心，当小老师的时候还特别认真。我就是通过这种方式，让孩子给我当老师。"让孩子当老师是父母和孩子平等相处，甚至成为朋友的一个好办法。

再来看一些很多家长感到头疼的问题该如何处理：婴儿哭了要不要每次都抱？父母要不要较早和孩子分床？孩子做错事要不要打？这些具体问题的处理也要遵循平等沟通的原则，这样长大的孩子会更聪明。

婴儿哭闹就抱起来是父母的自然反应，但有些育儿文章说婴儿哭闹时不要抱，以免婴儿养成坏习惯。

要不要和孩子早点分床，同样要和孩子充分协商，最后启发孩子自己做出决定。如果孩子的情感需求得到比较充分的满足，那么当父母限制孩子养成坏习惯时，就不用担心会打击孩子的自信，伤害孩子的感情信任，孩子会知道父母是出于爱才提出这样的要求。

该不该打孩子，这个问题的实质和是否"一哭就抱"是一样的：父母和孩子的关系，应该是相对平等的，还是权威式的。

权威式的教育培养的是服从性、纪律性，在强调尊重权威的工业时代，在军队里是有用的。但随着智能时代的日益临近，创意型的工作越来越多，自主性比服从性更重要。所谓"自主"，就是成为你自己，自己决定自己，自己为自己负责。著名心理学家马斯洛研究了林肯、杰斐逊、爱因斯坦以及一些普通人等48位自我实现者或可能的自我实现者之后，他发现，自主者自然有创造力。

不打孩子的父母花很多时间讲理、解释，增加了孩子和大人之间的互动，更有利于培养出聪明的、自主的孩子，他们的创造力更有利于在未来社会的生存与发展。

看一个自主带来创新的典型案例。

20世纪90年代，如日中天的微软开始制作网络百科全书Encarta，其制作方式与传统百科全书相似：微软付钱给专业人士，让他们编辑每个词条的文章，并安排收入颇丰的主管们监督着整个计划。

另一个2001年启动的网络百科全书计划的维基百科，则用了完全不同的激励模式。它开放让每一个有兴趣的网民都有权利来自行编辑词条，所有创作者都不拿一分钱，甚至有很多创作者还捐钱给维基百科的基金会——维基百科仅在2011~2012年就获得了2000万美元的捐款。

这两种网络百科全书的现状如何呢？用金钱驱动的微软百科全书已经在2009年关闭；靠人们的内在驱动力自主执行的维基百科，已经成为公认的互联网第一词典。微软百科是管理，维基百科是引导；微软百科是他主，维基百科是自主：最终的结果是如此的天差地别。

总之，从管理孩子转变为引导孩子，以身作则，平等沟通，培养孩子的热情与自主性，将有利于他们适应将来的智能社会。

第三节　提升信息处理能力

世界经济论坛总裁克劳斯·施瓦布表示："各国若想避免出现大规模失业等最坏的情况，比起向学生传授可能被机器人取代的单纯技术，更应该设法通过教育和训练提高学生的创造力和高度的问题解决能力。"

富于计算力的人工智能擅长处理定量的信息，而富于创造力的人类更擅长处理定性的信息。未来智能社会的主流工作模式将是人的智慧（定性）+机的智能（定量）。

一、标准化教育到非标准化教育的转变

现代教育制度是工业革命时代形成的，工业社会盛行大规模标准化生产，与其配套的教育模式也是大规模标准化培养。工业时代的教育模式简单来说就是标准化教学+标准化考试，容易被标准化考核的确定性的知识成了教学和考试的重点，那些需要深层次思考、争议性讨论和精微把玩的非标准化内容被回避了。这种流水线式的人才生产方式很经济、很高效，但往往是以磨平学生个体的兴趣、才智的棱角为代价。

正如个性化消费越来越成为潮流，流水线上生产出来的标准化产品会越来越不值钱，今天和未来的组织同样不会看重和别的人差不多的人，他们注定会是廉价的。非标

准化的产品和服务需要"非标准化"的、有奇思妙想的人去创造，他们才是未来社会所需的人才。这意味着教育的导向要从标准化转向非标准化。

教育从标准化转向非标准化的一个重要方面，是每个学生所学课程的非标准化。

每人一张课程表显然更有利于学生的个性化发展。2011年，北京市十一学校率先在中国启动个性化课程改革，4000多名学生每个人的课程表都不一样。

北京市十一学校推出了200多门选修课，包括语言与文学、数学、人文与社会、商学与经济学、综合实践等9个领域。此外还有33门职业考察课程，涵盖金融、经济、信息技术、法律、医疗等门类。

以"影视编导与设计"课为例，学生们可以接触到导演、摄像、编剧、美工、演员、剪辑等各个工种。一学期下来，每一个"剧组"都能完成剧本编写、实际拍摄、后期处理、宣传放映的各个环节。课程不仅有分数的评价，还有分析报告、文字性的激励、提示下一步改进的"诊断"。

对于语文、数学等"必修课"，学生可根据实际水平和学习需求选择不同层级的课程。比如数学由易到难分为1至5等，最易的数学1适合今后大学里读文科专业的学生选修；数学2、3是针对高考理科的课程；数学4是竞赛班的课程；最难的数学5，是大学先修课。

北京市十一学校在课程改革实施过程中发现，当学生在校园里被尊重、被信任、有选择的时候，会变得更加自尊、自信。有选择才会有责任，有责任才会有成长；有选择才会有自由，有自由才会有创造。

十一学校校长李希贵认为，课程一词是从拉丁语"Currere"延伸出来的，它的名词形式意为"跑道"，课程就是为不同学生设计的不同跑道。课程的独特价值就是应该尊重某一个特定孩子的需求和不一样的成长方式。在不一样的生态环境里，这棵树才有可能变得不同于那棵树。

从标准化转向非标准化的另一个重要方面，是教育理念的多元化。华德福学校以旗帜鲜明的独特教育理念著称于世。

华德福教育的创办者是奥地利教育家鲁道夫·史代纳，他于1919年在德国创立第一所华德福学校。历经100多年的发展，华德福教育在北美、欧洲、巴西、南非、埃及、以色列、日本、泰国、印度、中国等地都得到发展。

华德福教育注重身体和心灵整体健康和谐发展，美育是其核心。在主流学校中，一些经常被认为是虚饰的活动在华德福学校课程体系中具有核心地位，比如艺术、音乐和园艺。

在华德福幼儿园，孩子参与的活动很多，针线活、做花园园丁、做手工、扮家家、玩娃娃、唱歌、跳舞……在小学低年级，所有学科的教学都是以艺术的形式导入的，甚至数学课也经由舞蹈、绘画和运动等艺术样式进行教学。比起枯燥的讲演和死记硬背的学习，儿童对这类教学法能够做出积极的响应。

每一所华德福学校或幼儿园都有一个有机农园。城区的华德福学校，农园面积小一些，会种花、菜、香草、少量的浆果、灌木，养鸡、兔之类的小动物；在城郊或乡下的华德福学校占地面积都较大，还可种谷物，养蜂，或养羊、牛、马、驴等较大的动物，有的学校甚至还拥有一片森林。华德福学校之所以将有机农园作为标准配置，是想让孩子们用自己的感官直接了解人与自然万物的息息相关，这比端坐在教室听老师讲自然知识的效果好得多。

华德福学校把绘画、音乐、工艺、说故事的才能当成人的最重要天赋，在创造力为王的人工智能社会，这些特质将大放光彩。

教育家叶圣陶是现代中国非标准化教育的先驱之一，他的教育理念与华德福学校有不少相通之处。

叶圣陶认为，学校可以说是社会生活的一个缩影，学生在学校里接受教育，实际上就是学习怎样生活，怎样做人；而且教育必须重视直观，直观就是跟事物直接接触。根据这两种理念，在任教于吴县县立高小的时候，叶圣陶同吴宾若、王伯祥等好友为学生设置各种环境，让他们能在这种种环境里直接去学习生活、学习做人。他们在学校里开辟"生生农场"，开办"利群书店"，还设置"百览室""音乐室""篆刻室"，组织戏剧队、演讲队等课外实践活动，让学生锻炼生活能力。他们还带学生去工厂参观，去农村访问，做社会调查，进行假期旅行，让孩子们面向实际、面向社会。

教育理念的多元化，还体现在科技教育这一流派的兴盛。

清华大学附中、中国人民大学附中、杭州开元中学、上海中学、上海外国语大学附中等600余所中学都在开设始于美国的STEAM教育课程。STEAM是这五个单词的缩写：Science（科学）、Technology（技术）、Engineering（工程）、Arts（艺术）、Maths（数学）。STEAM教育课程把科学、技术、工程、艺术和数学整合起来，培养学生的综合性创造思维。

早在几年前就开设STEAM课程的杭州开元中学，是杭州市知名的科技特色学校。学生获得奖项的范围很广：科技创新、车模、空模、海模、建模、电子制作、奇迹创意、探月轨道设计与制作、DI创新思维、虚拟机器人、智能机器人、手机App开发设计、Scratch趣味编程、信息学奥赛、三维设计……每年都有科技特长生被杭州的重点高中录取。

　　开元中学的学生每周都可以体验STEAM课程，全体信息技术老师和科技老师带着全体学生玩转科技：发布一个Scratch游戏，做个App装在手机上玩，或是设计打印一个3D水杯喝茶、喝水……

　　在学校开展的一次科技社团展示活动中，学生们展示了很多体验项目：意念方舟机器能够感应到人的注意力，两个人可以站在机器两边"对决"，谁的注意力集中，意念方舟上方的小球就会飞向对方；学生站在距离体感游戏屏幕一米左右的地方，跟着屏幕做动作，可以被机器感应到；3D打印机能打印巧克力饼屋；机器人社团的学生还设计了一套系统，用机器人治理污水……

　　开元中学的教学理念是：学校尽可能给学生创造动手动脑的机会，培养学生"能够带得走"的能力。学生要在现实世界中取得成功，不能只坐在教室里，必须将所学知识应用到现实中，学会思考，学会设计，学会合作，学会解决问题。推行教育非标准化有一个关键点：教学方式要实现非标准化。这可以追溯到2500多年前的孔子、苏格拉底和释迦牟尼。

　　孔子、释迦牟尼、苏格拉底是中国、印度和西方文明的主要奠基者，他们都采用了交谈式的教学方式。

　　孔子践行个性化教学，针对不同的学生，教的内容不一样。孔子启发式、点拨式的教学培养出一大批杰出的人才。苏格拉底的教学就是在雅典街头和行人聊天，针对一个别人自以为熟悉的事物不断地提问，直至对方发现自己对这一事物其实并没有真正了解。苏格拉底的追问使得学生的思考不断深入，从而产生真正的知识。释迦牟尼的教学方式也差不多，在《金刚经》等佛教经典中可以发现，释迦牟尼把很多时间花在师生间的问答上。

　　三个圣人，几乎在同一时间，在世界不同的地方，都采取了对话式的、互动性很强的教学方式，说明这种教学方式能有效地开启学生的智慧。

　　美国有些学校很好地继承了古代圣人的教育理念。

　　比如，耶鲁大学有十几个寄宿学院，每所寄宿学院大概容纳400名学生。寄宿学院跟中国的学生宿舍有不少差别。这是一种自足的宿舍体系，宿舍、食堂、图书馆、计算机房、教室、自习室、健身房、演艺厅、教授办公室等设施一应俱全。学院的院长（master）和一些教授及其家庭，也在学院里居住。

　　每个学院只有数百人，师生就能基本做到互相认识、叫得出名字，有利于保障其教育是面对面对话式的、互动式的，而不是满堂灌式的。学院在上课时有大量的讨论班，学生不仅要听讲，还要不停地提问、质疑、辩论。下课回到宿舍，走进饭厅，到处都能碰到熟悉的师友，大家又一起讨论。学习就这样在随时随地地进行着。

在寄宿学院经过数年训练之后，学生们的分析能力和创造性都得到了大幅提升，这样的素质正是信息社会和未来的智能社会所需要的。

中国大学教育改革的一个重点方向是开展小班式讨论教学。

美国哈佛、耶鲁两所大学开设的全部课程中，很多课程都采用20人以下规模的小班教学课程。常青藤大学上课都特别重视小型讨论班，即使上大课，也往往在正式授课之外把大班拆成几个小组上讨论课，由教授或者研究生主持。其目的是发展学生提出问题、进行置疑、辩论、说服、论证等能力。规模上百人的大课教学，很难实现有效的互动，即便老师讲得再精彩，满堂灌的效果也比不上对话式的讨论班。

在中国高校中，北京大学已经在本科生中开展"小班课教学"试点工作，学校原则上要求选择低年级专业必修基础课程，开展大班授课、小班研讨和一对一答疑相结合的教学模式。

"小班课教学"在教学模式上强调师生互动，共同学习知识；在教学内容上紧跟学术前沿，增加课程的挑战性；加重平时学习成绩的权重；教师有固定坐班答疑时间。开展"小班课教学"对师资力量的要求非常高，没有很高的学术水平和教学修养，驾驭总是处在交流互动中的课堂是非常困难的。北大为"小班课教学"上阵的多为院士、教学名师、长江学者、杰出青年基金获得者。例如无机化学"小班课教学"由高松院士主持、严纯华院士授课，十多位优秀教师共同参与教学。

推行"小班课教学"后的效果如何？学生们普遍感觉收获颇丰，在学习知识、学会分享、发现问题、归纳总结、组织材料和语言表达能力等方面得到了全面的训练，而且还提升了学习和研究的兴趣，拓宽了思路，激发了钻研和创新的热情。例如量子力学"小班课教学"注重研讨课，学生们在课堂上积极讨论，主动参与意识增强。

除了教学的非标准化，面向人工智能时代的教育改革还包括考试的非标准化。

四川大学近几年除了实施有利于师生互动、人人参与讨论的小班化教学（每个班11~25人），另一大措施是改革评价标准，探索打破"标准答案、60分及格"的传统考试模式。从过去简单评价学生能背多少、记多少知识，转变为主要评价学生的创新精神和创造能力，考察其独立思考了多少、领会了多少，能不能在团队协作中成长，从而破除"高分低能"的积弊。改革后，过去靠死记硬背成绩好的学生，就可能考不好，学生要想获得好成绩，就必须自发、自主学习，主动查资料，主动独立思考问题，独立认真完成每次作业或考试。

从标准化到非标准化，中国教育界已有先行者。衷心希望这个意义重大的改革尽快普及到更多学校。

二、培养卓越的思考能力

领导力大师马克斯维尔花了多年时间，寻找这样一个问题的答案：成功人士都有的一个共同点是什么？他最后得出的答案是：卓越的思考。

《思考，快与慢》的作者丹尼尔·卡尼曼认为，人类的大脑有两种思考系统。一种是快思考系统，指潜意识层面的直觉判断系统，主要基于人们以往的生活经验和情感来对事情做出认知和判断。比如刷牙洗脸、使用家电、走路骑车、打招呼、打字等很多事情都是可以靠直觉判断来快速完成的。

很多人小时候学过欧阳修的《卖油翁》，记得那一句"无他，但手熟尔"。农业社会高度依赖经验，推崇的是熟能生巧，也就是培养出可靠的直觉判断。但互联网时代的社会变化越来越快，过往实践形成的直觉判断很容易在新形势下过时，创业者如果过于习惯性思考，就很容易做出一系列误判，给企业造成重大损失。

与快思考系统相对应的是慢思考系统，指意识层面的逻辑思考系统，它比较理性和客观，总是想尽力做出最精确无误的判断。

在进化史上绝大多数的时间里，人类都没有被赋予过多深度思考的任务，原因很简单，环境变化极其缓慢，靠直觉反应就足以解决95%以上的问题了。走捷径能让基因节约能量，这对于自古以来食物获取成本极高（与野兽搏斗甚至可能丧命）的人类而言是十分合理的选择。让当代人习惯于"深度思考"，实际上是在通过向基因施压，把能量分配向"深度思考"这种奢侈品倾斜。这对从远古延续而来的基因而言，是个降低基因携带者生存概率的选择。可以说，深度思考在基因层面是反人性的。

但是，面对日益汹涌的信息洪流，如果缺乏深度思考能力，必然会被信息淹没；反之则能在信息洪流中如鱼得水，产生无穷无尽的创新成果。因此未来劳动者不能顺从顽固不化的基因，不能继续思维懒惰下去，必须习惯于深度思考。而大规模培养这一习惯主要靠教育。

未来社会需要卓越思考，卓越思考的标志就是提出第一流的问题。智能机器可以帮助人们寻找答案，但无法帮助人们提出问题，因此教育的重心要从回答的价值转到问题的价值。

所有家长都要也都能做到的是不打击孩子提问的热情。孩子从两三岁开始，会问许多科学和哲学问题。比如，为什么下雨了啊？为什么今天没有太阳？人为什么会死？人死后去了哪里？很多问题大人无法回答。但家长应该坚持和孩子互动，鼓励孩子提出这样的问题，并让孩子先启动自己的大脑，给孩子留下充分的思考和想象的空间，其实孩子们经常能自己冒出富有想象力的回答。

比如有孩子问："爸爸，月亮为什么有时候是弯的，有时候是圆的呢？"当爸爸让她自己思考答案时，孩子说："因为她的圆衣服脏了，洗了还没干，只能穿弯衣服了啊。"得到这么有想象力的回答，效果显然比爸爸直接灌输来自网络百科的知识要好得多。

法国的教师们有个共识：科学教育的关键是创造提问的环境，让孩子们意识到，他们能提问、可以提问、有权利提问。教师们重视每一个孩子对事物的解释，特别关注孩子们的想法，哪怕是3岁的幼儿，教师也会十分认真地与之交谈，他们这么做，不是为了培养诺贝尔奖获得者，而是为了开辟孩子们良好思考的道路。

教师还要主动提出好问题，以激发孩子们的思考热情。教师提出的问题要来自学生的生活，比如环保问题就能引发很多学生的思考。教师要通过这些问题教会孩子们如何批判性地看待这个世界，以便在未来将世界改造得更好。

今后学校不仅要教学生如何回答问题，更要教学生如何提出问题，尤其是要培养学生面向未来提问的习惯和能力。

第四节　提高信息处理效率

现代社会的很多工作需要团队合力完成，复杂沟通能力可以促进团队合作，提升信息处理的效率；信息是当今以及未来经济中的核心资源，信息处理要达到最佳效果，就需要对人性需求作深入理解，根据需求精准提供产品或服务，这是复杂沟通能力的另一个用处。

一、积极参与社群

在人工智能社会，人类劳动者将更多地从事创造性工作。有一点需要强调，很多人对创新的印象是，一个聪明人灵机一动，想到一个好点子就叫创新，比如牛顿被一个苹果砸中脑袋想到万有引力理论。

其实，当下的创新更多的是不同专长的人在一起的协作。以另一个苹果为例，乔布斯推出的众多苹果产品，不是靠他一个人的创意，而是团队里的每个人都发挥自身优势，精诚合作的成果。

美国苹果公司创始人史蒂夫·乔布斯擅长提出新的理念、主题要求、模糊化的想法，乔纳森·艾夫负责带领苹果的设计工作者将其转化为设计蓝图和标准。他们推出的iMac电脑，放弃了旧有的桌面总线、系统接口、传统串行端口及软盘驱动器，只用以太网、红外线和USB接口连接。iMac大获成功，成就了史蒂夫·乔布斯技术预言家和引领消费潮流大师的名声，商务、设计、广告、电视、电影和音乐行业最终都受到了iMac电脑的影响。

乔纳森和乔布斯由此发展成为现代最富有成效的创造型伙伴关系。他们两人联手改变了苹果公司以工程技术为中心的企业文化，将其打造成了以设计为驱动的公司。他们先后推出了iBook、PowerMac、iPod、iPhone、iPad等革命性产品。乔布斯经常提出让优秀的设计者感到不可想象而难以完成的创想，幸亏有乔纳森凭借足够的耐心、才智和直觉将这些创想转化为现实。

其他行业的创新同样日益团队化。在意大利MaxMara时装集团主席Luigi Maramotti看来，不再让设计师单打独斗，而是把他们与技术研发人员组合成团队一起工作，让新技术和新材料有足够的机会激发设计师的创造力，并将最终的产品设计提升到一个新的层次上。

长大后必需的合作能力要从小培养，要让孩子从小就从温室进入社群。

幼儿园是孩子进入的第一个社群，早点上幼儿园更有利于孩子的成长。幼儿园能帮助孩子们理解和接纳自己的需求和情绪，让孩子们感受到自己被接纳、被认可；幼儿园还能帮助孩子意识到人与人之间公平、理解和宽容的重要，让孩子承担起对集体、社会和世界的责任。总之，幼儿园能帮助孩子接纳自己、接纳他人。

教育专家研究发现，上幼儿园的孩子在智力、感情和社会能力上发育得比在家里长大的孩子要快一些。因为孩子的人际交往能力，是在与更多人接触互动的过程中发展起来的，幼儿园提供了一个孩子成长所需的环境。如果一直待在家里，天天与父母或祖辈在一起，孩子无法学会如何跟陌生人、跟朋友打交道。

需要强调的是，幼儿园的主要价值在于培养情商而不是培养智商。上幼儿园的目的不是学习识字和算数，从温暖的家到陌生的幼儿园，从小就和陌生人打交道，是培养孩子拥有复杂沟通能力的第一步。

近些年，幼儿教育小学化现象正日趋严重，导致很多孩子的感情和心理受到挫折，还没上小学，就已经厌学。幼儿园属于学前教育，也就是"学"之前的教育。学龄前的孩子，大脑及身体发育还不完善，决定了他们还不能像小学生那样坐下来进行正规的学习，学不好是正常的。但很多家长和老师不理解这一点，呵斥与批评只会让孩子觉得学习是一件痛苦的事，不仅学习的兴趣和动机被摧毁了，很多孩子还在小学化的幼儿园里变得发育不良，脾气暴戾、反叛。

在学前阶段，孩子最主要的任务是发展情感和社会技能，即怎么和别人相处，怎么在陌生人的环境中保持情绪的稳定。进了幼儿园，孩子就相当于进入了社会，虽然老师和同学不多，但其挑战堪比一个来自偏远山村的青年突然进入北上广这样的大都市，需要快速学习大量的社会技巧，才能适应自己所处的生存环境。这时候不应再给孩子加上课业负担。

另外，就算家长对孩子的智力开发念念不忘、割舍不下，让孩子接受正规的、以游戏为主的幼儿教育，对智力，准确地说是对多元智能的发展也更有利。丰富多彩的游戏活动，能使幼儿得到语言能力、数理逻辑能力、初步的音乐欣赏能力、身体各部的运动能力、人际交往能力、自我评价能力、空间想象能力、自然观察能力等多智能的全面开发。孩子们会在以游戏为主的教育活动中变得越来越健康、活泼、聪明，比那些会写多少字、会算多少数的孩子在正式上学以后更有潜力——很多研究和调查表明：在5岁以前开始阅读的孩子，日后的阅读发展反而比较慢。

英国教育家怀特海的观点值得重视。他认为人的成长要经历三个发展阶段：浪漫化阶段、精确化阶段、综合应用化阶段，分别对应幼儿小学与初中、高中、大学。美国的教育体制基本上是按照这三个阶段展开的：在美国的幼儿小学与初中，大体是上午上课，下午自由参与各种活动，课程面广、难度小、作业少，孩子们自由地成长；美国的高中是四年制，孩子们进入精确化成长阶段，高中实行选课制与走班制，课程广度、难度与课后的作业量明显加大，要认真学习才能过关；大学是综合应用化阶段，课程设计全面，实行宽进严出，我国的大学基本上是严进宽出。这造成我国很多孩子小学、中学学业压力较大，发展个人兴趣的机会较少。

让孩子从小打工，是从温室进入社群的另一个重要方面。

教育家陶行知倡导以社会为学校："课堂里既不许生活进去，又收不下广大的大众……那么，我们只好承认社会是我们唯一的学校了。马路、弄堂、乡村、工厂、店铺、监牢、战场，凡是生活的场所，都是我们教育自己的场所。""不运用社会的力量，便是无能的教育；不了解社会的需求，便是盲目的教育。"

陶行知创办的晓庄师范贯彻了这一思想。晓庄师范的活动是与周围40多个村庄连在一起的，如晓庄医院、晓庄中心茶园、联村自卫团、联村运动会等，都为农民提供服务。晓庄师范因此受到了农民的欢迎，真正与农民、与社会打成了一片。

二、文理兼修

目睹了第二次世界大战悲剧的爱因斯坦看到了在一个缺少人文关怀的时代，快速发展的科技沦为了相互毒害和相互残杀的利器。根据他对社会生活的观察，现代科学技术节约了劳动，使得生活更加舒适，可是带给人们的幸福却那么少，人们成为机器的奴隶，毫无乐趣地工作着。他认为问题的根源是人们没有正确地去使用科技。

爱因斯坦因此呼吁科学技术要具有价值维度："如果你们想使你们一生的工作有益于人类，那么，你们只懂得应用科学本身是不够的。关心人的本身，应当始终成为一切技术奋斗的主要目标，关心怎样组织人的劳动和产品分配这样一些尚未解决的重大问题，用以保证科学思想的成果会造福于人类，而不致成为祸害。在你们埋头于图表和方程时，千万不要忘记这一点。"

在人工智能时代，机器将比爱因斯坦所处的时代更加强大。要避免爱因斯坦所观察到的弊端，人文教育必须跟上，这样才能让机器为人类造福。

再从个人成功的角度看，会发现很多西方精英都是文理兼修的。

乔布斯曾在大学学习书法，也深谙禅宗美学，他还从英国诗人威廉·布莱克（William Blake）、摄影师安塞尔·亚当斯（Ansel Adams）、建筑师弗兰克·劳埃德·赖特（FrankUyod Wright）等人的作品中汲取了养分，这给他的产品设计带来了人文、艺术与科技融合的竞争优势。扎克伯格大学时的专业是心理学，很多人性洞见帮助他把Facebook变得更具吸引力和诱惑力。格雷格·卢策（Greg Lutze）除了是全球炙手可热的摄影图片类移动应用VSCO的创始人，还是著名的设计师和摄影师，卢策喜欢时尚和品牌，为VSCO灌输了不少新潮的文化和理念。

中国教育改革的方向之一是"从重理轻文到文理兼修"，其重点是要推行通识教育，通识教育包含了多重目的。

第一，是帮助学生从理念层面提升对人性需求、对情感表达的理解，从而更好地指导人际沟通行为，从而弥补中国孩子的一些素质缺失。

第二，创新人才往往具有宽广的知识基础与文化视野，"通""专"结合，通识教育也是培养创造性人才所必需的。

第三，从应对人工智能时代的角度来说，智能机器正在超越人类的左脑（工程逻辑思维），人类要保持对机器的优势，一个重要策略是不断超越科学和人文的壁垒，融通这两种文化。哪怕是理工科专业，也要让学生花时间精力开发机器不擅长的右脑，比如宗教哲学、文学艺术、电影话剧、创意设计。智能科技越是发达，人文艺术之美越要绽放。

第四，从生存策略的角度来说，人工智能会代替很多工作，又会创造很多新工作。今天的孩子并不知道自己未来有什么工作机会，最适合干什么，而且他们以后很有可能随着自己的兴趣变换行业，因此很有必要在大学阶段多学习一些东西，把基础打宽一些，这样才能在未来需要的时候有更多选择的机会。通识教育其实给学生的人生提供了最实际的准备。学得越专、越讲究实用，忽视综合素质的培养，反而越无法适应实际工作。

第五，通识教育也能很好地增添生活的幸福快乐。通识教育在中国可溯至先秦时期孔子培养弟子的"六艺"教育；在西方则起源于古希腊，指公民所应当具备的知识和能力，要参与公共生活才是完整的人，希腊公民要会打仗，会辩论，能打官司，在法庭上为自己辩护，所以要懂得哲学、逻辑学、语言、演讲术、音乐、天文、数学，等等。

美国的好大学在本科阶段都开展通识教育。比如在哈佛大学，文理所有的课学生随便选。

清华大学教授刘瑜曾经分享过一个她在哈佛选课的小故事。那时刘瑜在哈佛做博士后研究，她想去旁听一些哈佛的本科课程，但是当她拿到课程清单的时候，被惊到了，因为她得到的竟然是一本一千多页的庞然大物。由此可见，哈佛本科生的选择有多么丰富。

耶鲁大学本科教育的重点同样在于通识教育，目的是为学生带来完整的知识结构，养成触类旁通的通用智慧。耶鲁大学面向全校本科生，开设经典阅读核心课程，班级人数不超过17人。本科生会大量涉及本专业之外的知识，一般涵盖文学、历史、哲学、数学、部分自然科学和人文学科。

担任耶鲁大学校长20年之久的理查德·莱文认为，专业的知识和技能，是学生们根据自己的意愿，在大学毕业后才需要去学习和掌握的东西，那不是耶鲁大学教育的任务。在莱文看来，本科教育的核心是通识，是培养学生批判性独立思考的能力，并为终身学习打下基础。

领导者的一个核心素质是批判性独立思考的能力，因为他们每天都在做决策，要在众多公说公有理、婆说婆有理的选项中，看到事物的本质，找到解决问题的突破口。

很多中国家长有个误区，认为历史、文学、艺术、心理学、政治学、社会学这些"软本事"没任何用，不便于找工作，但从世界经验来看，世界需要"硬本事"的人，但世界也需要那些有"软本事"的人。

即便一个年轻人的志向没那么高远，不想成为大有作为的领导者，人文教育在普通工作中也是很有用的,原因就是前面提到的沟通能力。

人文教育的一个重大意义是培养健全的公民素质,然后才能更好地把专业技能用到人身上。

新中国成立之初,高等教育出现了"重理轻文"的现象。可喜的是,今天中国已经有部分大学参照国际经验,开展通识教育。2015年11月,北京大学、清华大学、复旦大学和中山大学成立"大学通识教育联盟",推动我国通识教育迈向新阶段。

"AIQ教育+通识教育"是中国课程改革的重中之重。希望通识教育尽快普及到更多的大学,普遍增强年轻人的沟通力与创造力。

第五节　适应信息更新速度

随着万物互联的实现,人工智能时代的信息变化速度会比互联网时代更快,而且信息的变化将是经久不息的。因此快速学习(专题学习)成为必需能力,终身学习成为基本理念。以学习力持续提高AIQ,开发智能天赋,增强创造力和沟通力,是应对人工智能时代的终极解决方案。

一、更加重视专题学习

"人类的知识大体可以分为存量知识和增量知识",比如亚当·斯密的《国富论》属于存量知识,"互联网+"属于增量知识。

大学教材的主要功能是介绍存量知识,很多教材用了十年都没有大的改动。而这个世界每天都在发生科技突破,人文社科领域每年也都有新的研究进展,能把这些增量知识融入教学里的老师并不多。但是增量知识有时候比存量知识还重要,例如不懂"互联网+"会影响现在的发展,不懂人工智能会影响未来的发展。大学生和专业人士都不能忽略对自己专业领域的趋势研究,每天花些时间看些最新的材料,对于预测未来有很大的帮助。

为应对信息和知识的快速变迁,除了碎片化学习——每天浏览最新资讯或偶尔参加演讲会、研讨会、交流会,还应具备专题式学习的能力和习惯。

全世界每天有4000本书出版,超过4亿字;《纽约时报》一天的文字量等于牛顿同时代的人一生的阅读量;一个专业领域,每天大概有数千篇网络文章正在产生……如此庞大的信息量必须得到有效整合,整合的方法就是专题式学习。有人打了一个很好的比方:即使你拿回来一百万个知识的沙粒,也只是沙漠,人们爱看的是沙子集合成的金字塔——有组织的知识才是核心竞争力。

专题式学习是从一个点（最好是自己遇到的一个具体问题）延伸出去，由点到线，由线到面，能很好地兼顾知识的深度与广度。比如一位律师进行婚姻继承纠纷专题研究后发现，所涉及的知识远非仅限于《民法典》，往往还与《公司法》、《合伙企业法》、《知识产权法》等不同法律，甚至与传统习俗相关联。

专题式学习也十分有利于开阔眼界，增强分析能力。专题式学习包括专题式阅读和专题式写作。在专题式阅读的过程中，能看到很多互相补充、互相印证以及互相矛盾冲突的信息和观点，多元化的内容能让学习者变得更聪明，更能看清真实的世界。

在专题式写作的过程中，需要从庞杂的事实中整理出线索，提炼出若干原则或观点，并且为这些原则或观点提供充分的证据，这在未来的工作中属于高端技能。专题式写作可以从记笔记开始，接下来是把不同出处的笔记拼成一篇有逻辑的文字，然后再对这篇文字进行改写，体现自己的文字风格，以及自己的思考侧重点。如果能再上一个台阶，就是在此基础上创造出全新的思路和模型。

美国的不少私立学校从小就培养孩子们的专题式学习能力。比如历史老师让小学生针对某个自己感兴趣的历史人物展开专题式学习，学生在查阅大量资料形成观点之后，向老师和同学谈自己的研究心得。再比如上地理课时，老师不像传统教学那样要求孩子们记住各国的地理位置、人口、首都等知识点，而是让孩子们先自己想象一个国家，包括地理位置、气候、自然资源、人口、文化、经济、政治制度、外交政策等。每个孩子要向大家介绍，这个想象中的国家怎样进行管理，如何在世界上自立，然后老师和同学会据此提出各种问题让这个孩子来回答。

这种专题式教学，往往能让孩子就某一个主题开展深入而广泛的思考。

在工作中，很多时候是在处理一个又一个问题；随着社会变化越来越快，未来在工作中会是处理一个又一个新问题。而且现在越来越多地出现，一个人干什么和他原来学什么没有关系，今天干什么和未来干什么没有关系。如果从小习惯于针对某个问题、某个领域开展专题式学习，培养起来的高效学习新知识的能力，对于适应未来社会的职业生涯是有极大帮助的。

深圳市南油小学在专题式教学上做了颇有新意的探索，值得借鉴。

数年前，南油小学启动了"基于桥的项目学习"。学校布置的寒假作业是让学生寻找、发现、研究身边的桥，还要求每位学生与家长共同完成一份桥的研习报告。学校让学生积累丰富素材，是为新学期的项目学习做好铺垫。

南油小学各种以"桥"为主题的学习、游戏和体验活动让学生们应接不暇：在体育课上搭人桥，在美术课上画桥，在数学课上量桥，在英语课上说桥，在语文课上写桥……这种教学方式并不是简单地将专题教学内容嵌入常规的语、数、音、体、美等传统课堂之中，而是在一定程度上打破了学科知识以及校内外学习的限制。

以《中国教育报》记者观察到的科学课为例，学生们要自己选取硬纸板、塑料管等身边常见材料，自行设计并建造桥梁，设计桥梁时需要用比例、对称等数学知识，而最后的着色装饰等需要学生的美术素养。很多学生为了建成更独特、更美丽的桥，不但自己上网搜索背景资料，还将亲朋好友发动起来帮助自己寻找参考资料和原材料，然后再与同一小组的同学讨论比较，在多种方案中选出一个最佳方案。

行动学习理论提出了一个"721"原则，意思是人要掌握一门技能，需要有10%的时间学习知识和信息，70%的时间练习和践行，还有20%的时间与人沟通和讨论。南油学生建桥的过程比较好地体现了这一学习原则。学生们的主动搜索能力、知识链接能力与创造力在此过程中都得到了较大提升。

早在数十年前，教育家叶圣陶就已经感慨，在现代社会要做个"够格"的现代人，应该掌握的知识太多太多，说也说不尽。那该怎么办呢？各种教育机构只能取其重要的、基本的，作为例子教给学生（也就是主课教学）。其他更多的东西，必须由学生学会举一反三，自己去学习、去研究、去掌握、去扩充。

今天是一个信息爆炸的时代，中国的大中小学都应在主课教学的基础上培养学生的专题式学习能力。小米手机创始人雷军至今还记得武汉大学一位老教授的指点。新生都很关心应该怎么上大学，教授说上大学的目的很简单，只需要学会一件东西就可以大学毕业了，这件东西就是学习能力。当一个人有学习能力的时候，他就能克服任何陌生领域遇到的困难，就有机会在陌生领域里面成功。

二、注重赢在长跑

早在1994年，互联网时代即将到来之际，"首届世纪终身学习会议"就提出，终身学习是21世纪的生存概念。在知识不断更新的21世纪，学习不再是短跑比赛，而是马拉松长跑竞赛。

专家研究发现，在农业经济时代，只要7~14岁接受教育，就足以应付今后40年的工作和生活所需；在工业经济时代，求学时间延伸为5~22岁。在信息社会，已经有很多人读研究生，25岁甚至30岁才参加工作，三四十岁的人读工商管理硕士（MBA）、博士也屡见不鲜。在将要到来的人工智能社会，教育阶段和工作阶段的区分将会消失，马拉松式的终身学习将成为常态。

但今天有很多人一毕业就停止了学习，在马拉松比赛的中途退出了。即便一个人很有天分，大学一毕业就停止学习也无法成功。一项对120名19世纪最重要的科学家和123名最著名的诗人和作家的研究表明，这些科学家发表他们第一个作品的平均年龄是25.2岁，诗人和作家是24.2岁。而这些科学家发表自己最重要的研究成果的平均年龄是35.4岁，诗人和作家们发表自己最好的作品的平均年龄是34.3岁。这跟孔子所说的"十五志于学，三十而立"有些相似。从开始学习一个领域的知识，到发表第一个作品，再到发表自己最好的作品，花费十几二十年最好的光阴是常态。年少成名之所以被广为传颂，恰恰是因为罕见。在未来社会，笑到最后的人必将是一辈子接受教育的人。由于智能机器的快速进化，知识将永不止息地快速迭代更新，今后一个人的成功更像是马拉松长跑，终身学习成为关键竞争力，更是应对人工智能时代的终极解决方案。正如深度学习算法需要持续迭代升级，人的大脑也要持续升级。

中国流行一句话——不要让孩子输在起跑线上，因此家长会尽可能让孩子在起跑线上抢位子。但过早让孩子进行知识学习很可能导致孩子产生厌学情绪。家长和老师要用互动式教育启发孩子对学习的兴趣和效率：幼儿园要以游戏为主来开发多元智能；在家教中，家长要给孩子读有趣的书，并展开交流讨论。

除了避免灌输知识的早期教育，注重培养孩子的终身学习兴趣，中国的教育体系还要进行另一个重要改革：大学要提供终身学习服务。

近些年，终身教育的观念在美国深入人心，同时在美国上大学没有年龄限制，因此大学中老年人变多，人到中年进大学也越来越平常。25岁以上的非传统学生已经占美国大学生总数的40%，而1970年时仅为28%。哈佛大学、耶鲁大学、哥伦比亚大学、布朗大学、宾夕法尼亚大学等常青藤名校，都在努力招揽非传统学生。比如哈佛大学设置哈佛大学扩展学院，为非传统学生提供本科及研究生文理课程，它也是哈佛大学唯一一个同时颁发本科和研究生学位的学院，每年有13000名学生就读。

名校的招生名额毕竟有限，美国推行终身教育的主力军是1500所社区学院，大量的成年人和失业者在这里找到新起点。

美国社区学院办学有几个鲜明特色：一是学费便宜，符合条件的学生能得到地方政府提供的经费补助，基本上能覆盖两年大学专科的费用；二是面向大众，社区学院不做一般大学的入学SAT和GMAT考试，大多只做英语能力测试；三是时间灵活，每一门课都分上午、下午和晚上三个时段，学生选自己方便的时段来学习就好；四是小班教学，班级规模不超过30人；五是终身辅导，哪怕毕业了，学生也可以回社区学校的图书馆及电脑中心使用资源，接受老师辅导。

解决了终身教育的理念和教育体制问题，还应为终身教育设定一个方向：拥有多元思维模型，具备通透的智慧。

什么是通透的智慧？有人研究许多科学家的生平后发现，科学家可以分为两类：一类是掌握了一个方法，研究什么都是一流的，路越走越宽，比如爱因斯坦、费米和鲍林（两次获得诺贝尔奖的物理学家、化学家）；另一类科学家路越走越窄，比如发明晶体管的夏克利对晶体管越来越熟悉，对其他技术越来越不愿意接受，最后无法和工业界及学术界的同行交流。

终身学习的目标之一是成为第一类专家，除了在自己的一亩三分地上努力耕耘，还能将在这一领域的技能提升到通用方法论层次，也能适用于其他领域。

什么是通用的方法论？社会心理学家发现人类行为有明显的"羊群效应"，个人的观念或行为由于真实的或想象的群体的影响或压力，会向与多数人一致的方向变化。这样的理论解释了人们为什么做（Why），同时预测了在特定情景下人们又会如何做一件事（How）。不论在股票投资、市场营销或是政治宣传领域，"羊群效应"都大有用武之地。

在人工智能时代，要尽量多掌握这类通用的方法论。今后智能机器能完成越来越多的专业性任务，一个人只掌握某一特定领域的专业知识是可能被智能机器取代的，更好的策略是了解事物是如何相互联系的，看到知识网络的全局，以多学科并用的方式思考。

在人工智能社会，大部分人将是知识工作者。管理学大师德鲁克是"知识工作者"这一概念的提出者，他的学习模式值得人们参考。德鲁克一方面对管理学的研究越来越深入，另一方面他一直保持着学习新知识的渴望，每隔三四年，他就挑选一个新的主题来研究，这个方法他一直坚持到晚年。德鲁克研究过历史和政治，然后又研究统计学、中世纪史、日本艺术、经济学，有的主题他花上三年时间还无法达到精通，但至少对它有了基本的了解。

歌德曾经说过，一个人只有在精通了一门外语之后，才能真正理解他的母语。中国有句老话叫"旁观者清"，精通外语就可以获得旁观者的身份，能更清楚地看清自己的母语。

股神巴菲特的合作伙伴查理·芒格指出，一个优秀的人必须拥有多元思维模型，拥有多元思维模型的办法是了解每个重要学科的重要理论。每个学科真正重要的原理一般不超过10个。根据查理·芒格的经验，掌握八九十个模型就差不多能让一个人拥有普世智慧。而在这八九十个模型里面，非常重要的只有几个。

前面提到，AIQ不仅是要善用人工智能技术，还要向人工智能学习。人工智能是从大数据中提炼规则的，也可以从物理学、生物学和世界史等拥有大样本的基础学科中发现普适规律，然后将这些规律应用到方方面面，这是终身学习者的超级进化之道。

第三章
大数据技术在教育中的应用

第一节　大数据技术与教育的关系

一、大数据技术对教育的变革

大数据是信息技术最新发展成果的典型代表，是工业4.0等各行业新一轮重大变革的主要推手，对教育行业也产生了重大影响。基于大数据的个性化教学、科学化评价、精细化管理、智能化决策、精准化科研等，将对促进教育公平、提高教育质量、培养创新人才具有不可估量的作用。

（一）大数据技术驱动教学模式重塑

传统的教学模式映射了工业化时代标准化、规模化的生产方式特征，以"教师、教材、课堂"为中心的"三中心"教学模式，注重学科知识体系的构建和教师的主导地位，强调课堂上知识的单向传授，虽然成功地解决了工业社会发展所需要的大规模知识型、技能型人才培养问题，但很大程度上忽略了学习者的个性化需求。

随着大数据在教育领域的应用，我们可以更精细地刻画师生教与学的特点，并有针对性地推送教学内容与服务，从而促使教学能够更有效关注个体，真正实现因材施教，培养出符合信息化时代所需要的个性化、创新型人才。

（二）大数据技术驱动评价体系重构

教育评价是提高教育教学质量的有力手段。传统教育评价重视学生的考试成绩，忽视了学生的综合素质和个性发展，忽视了学生进步和努力的程度，忽视了学习诊断和改进。

大数据使评价内容更加多元化，不再仅注重学生的学习成绩，更加关注其身心健康、学业进步、个性技能、成长体验等方面。评价内容从单纯对知识掌握状况的评价，转向知识、能力和素养并重的综合性评价；评价方式从传统的一次性、总结性评价，转向过程性、伴随性评价；评价手段从试卷、问卷，转向大数据采集分析系统。随着多种基于云的学习平台、学习终端的广泛应用，收集学生的过程性学习数据如学习行为、学习表现、学习习惯等成为可能。通过分析挖掘学生学习的全过程数据，可为学生的自我发展、教师的教学反思、学校的质量提升等提供基于数据的实证分析支持。美国田纳西州的增值评价系统利用增值评价方法分析每个学生在学业上的进步，并以此为依据来评估学区、学校、教师的效能。

（三）大数据技术驱动研究范式转型

教育科学的研究旨在为教育教学实践提供服务，其成果可直接作为改进教育实践的依据。

在传统的教育科学研究中，质性研究居多、量化研究较少，理论演绎居多、实证研究较少。虽采用了观察法、调查法、统计法等实证研究方法，但由于技术和手段的局限，往往只能采用抽样思维来进行局部样本的研究，且研究反馈具有滞后性，难以满足实际教育教学实践的需求。

大数据时代，教育数据的分析将走向深层次挖掘，既要注重相关关系的识别，又要强调因果关系的确定，通过数据分析技术发现教育系统中实际存在的问题，比传统研究范式更能准确评价当前现状、预测未来趋势。例如，美国麻省理工学院和哈佛大学的学者对大规模的开放在线课程平台的教学视频操作行为进行分析，从中探寻学习者在学习过程中的若干共性，并对这些共性与视频课程的呈现内容和方式进行相关分析，据此作为后续改善教学内容设计及呈现方式的重要依据。

（四）大数据技术驱动教育决策创新

学习分析与数据挖掘技术的进步促使教育决策更加精确与科学。随着决策方式从"基于有限个案"向"基于全面数据"转变，教育决策也从经验型、粗放型向精细化、智能化转变。

对教育大数据的全面收集、准确分析、合理利用，已成为教育决策创新的重要驱动力。

（五）大数据技术驱动教育管理变革

当前，在学校和教育机构中，教育管理者由于无法及时掌握教学与管理综合情况，因此难以对教育系统进行动态监管。随着大数据时代的到来，对教育大数据进行深入挖掘和分析，将数据分析的结果融入学校的日常管理与服务之中，是为师生提供精细化与智能化服务的基础。

以校园网络安全监管服务为例，美国康涅狄格大学利用大数据技术分析校园网站、应用程序、服务器及移动设备等产生的日常数据，并通过对海量日志文件的数据进行深度挖掘，从而监测与定位用户如非法入侵、滥用资源等异常行为，帮助教育管理人员全面掌握潜在问题与威胁，大幅提升校园网络系统的安全防护能力。

二、大数据技术在教育中的应用领域

（一）教育理念思维

随着大数据时代的来临，教育大数据正深刻改变着教育理念、教育思维方式。新的时代，教育领域充满了大数据，学生、教师的一言一行，学校里的一切事物，都可以转化为数据。当每个在校学生用计算机终端进行学习时，包括上课、读书、写笔记、做作业、发微博、进行实验、讨论问题、参加各种活动等，这些都将成为教育大数据的来源。大数据比起传统的数字具有深刻的含义和价值。

大数据时代可以通过对教育数据的分析，挖掘出教学、学习、评估等符合学生实际与教学实际的情况，从而有的放矢地制定、执行教育政策，制定出更符合实际的教育教学策略。

（二）个性化教育

大数据带来的一个变化在于使实施个性化教育具有了可能性，真正实现从群体教育转向个体教育。利用大数据技术，可以去关注每一个学生个体的微观表现，如他在什么时候翻开书，在听到什么话的时候微笑点头，在一道题上逗留了多久，在不同学科的课堂上提问多少次，开小差的次数为多少，会向多少同班同学发起主动交流，等等。这些数据的产生完全是过程性的，包括课堂的过程、作业的过程、师生或生生互动的过程等，是对即时性的行为与现象的记录。通过这些数据的整合，能够诠释教学过程中学生个体的学习状态、表现和水平，而且这些数据完全是在学生不知不觉的情况下被观察、收集的，只需要一定的观测技术与设备的辅助，而不影响学生任何的日常学习与生活，因此，其采集过程非常自然、真实，可以获得学生的真实表现。大数据技术将给教师提供最为真实、最为个性化的学生特点信息，教师在教学过程中可以有针对性地因材施教。

（三）教学评价

在教学评价中应用大数据，可以通过技术层面来评价、分析，进而提升教学活动的效果，从依靠经验评价转向基于数据评价。教学评价的方式不再是经验式的，而是通过大量数据的"归纳"，找出教学活动的规律，更好地优化、改进教学过程。例如，新一代的在线学习平台，具有行为记录和学习诱导的功能。通过记录学习者鼠标的点击能力，可以研究学习者的活动轨迹，发现不同的人对不同知识点有何不同反应，用了多长时间以及哪些知识点需要重复、哪些知识点需要深化等。对于学习活动来说，学习的效果体现在日常行为中，哪些知识没有掌握、哪类问题最易犯错等成为分析每个学生个体行为的直接依据。通过大数据分析，还可以发现学生思想、心态与行为的变化情况，分析出每个学生的特点，从而发现优点、规避缺点，矫正不良思想行为。此外，大数据通过技术手段记录教育教学的过程，实现了从结果评价向过程性评价的转变。

（四）教学管理

大数据对于学校管理具有重要的价值，有利于实现学校管理的精确化、科学化。学校管理离不开信息，学校是培养各类专门人才、传授知识和创造知识的场所，拥有众多的专业学科，与国内外联系广泛，每天进行着各种教学、科研及管理活动，蕴藏着十分丰富的信息资源。学校管理中的各种决策和控制活动，如培养目标的确定、教学计划的制订、教学组织指挥、教学质量控制、教学评估、教师管理、学生管理等，都是以大量的数据为基础的，并不断产生各种新的数据，大数据的处理和挖掘对于学校管理具有关键作用。例如，针对教务管理、行政管理、科研管理、人事管理、财务管理、后勤管理等各类领域，进行全校系统的规划、梳理，同时，针对重要的管理对象数据，从多个源头、不同方向对同一个对象进行数据记录，数据之间可以互相印证，形成多源的管理对象大数据。此外，大数据分析技术，也为学校网络信息安全管理提供了重要手段。

第二节　大数据技术对现代教育系统的影响

一、大数据技术对教育决策的影响

（一）大数据给决策带来的影响分析

大数据是继云计算、物联网之后又一新兴的信息技术。大数据是无法在可容忍的时间内用传统IT技术和软硬件工具对其进行感知、获取、管理、处理和服务的数据集合。数据量巨大（volume）、数据处理速度快（velocity）、数据来源多样化（variety）、数据价值密度低（value）被视为大数据的四个核心特征（即4V特征）。针对大数据的全新特征，人们在分析数据和信息时要做出相应的转变——从随机抽样向采集全部样本的转变，从追求精确向掌握大体方向的转变，从寻找因果关系向寻找相关关系的转变。

计算机时代产生了计算方式的变革，互联网时代产生了信息传播方式的革命。那么，大数据时代也将带来一个决策方式的革命。大数据将改变人类的教育方式、学习方式、教育信息化的研究范式，并在一定程度上改善人类的思维。

决策是指决策者为了达到一定的行为目的，根据决策环境的变化所做出的一些决定。决策本质上也是人类思维活动，对思维的影响意味着对决策的影响。思维是人脑对客观事物本质属性和事物之间内在联系的规律性所做出的概括与间接的反映。思维的组成要素有四个，即思维加工材料、思维加工方式、思维加工缓存区和思维加工机制。不难理解，有了大数据及其配套的数据仓库、云计算、数据挖掘等支撑技术，人类的思维加工材料可以是整个数据仓库，其内容将变得极大丰富；思维加工缓存区可以是整个云计算服务器，其吞吐能力将大幅提升；思维加工方式可以应用各种数据挖掘算法，其处理方式将变得更加丰富多样。以逻辑思维为例，由于大数据提供了丰富的实证材料使逻辑思维的加工过程可能被缩短了，或者使逻辑思维的有效性进一步提升了（得出的结论更让人信服了），也就是能使逻辑思维的效率和质量都得到比较显著的提高或改进。

在宏观决策层面，大数据可以发挥诸多价值。以教育政策决策为例，基于大数据的政策决策有三方面的优势：首先，通过大数据可以将微观层面的政策对象呈现出来，清晰描绘出原本模糊的教育活动，如此一来，政策问题得到更好描述；其次，大数据实时变化的特点可以使决策者在短时间内获得政策反馈甚至获得实时反馈；最后，大数据可以对未来进行预测，使决策者具有更为开阔的视野。在大数据的时代，视野已经成为宏观控制的精髓，而不是力度。大数据是一种动态宏观视野，能够超越个体与局部的相对静态视野，更容易发现问题所在、可能弱点和盲区。

大数据正在颠覆传统的、线性的、自上而下的精英决策模型，逐步形成非线性的、面向不确定性的、自下而上的决策方式。这种决策模式遵循万事万物量化为数据——数据转变为信息——信息转变为知识——知识涌现出智慧的逻辑，通常称为数据化决策。

（二）基于大数据的教育决策的特点

目前，大数据还无法替代人类完成决策，更多的是提供决策支持。基于统计数据的教育决策支持服务平台，可以提供教育宏观决策服务，通过对历史统计数据的分析，形成对我国教育发展状况各方面的趋势分析，给国家制订长远规划提供数据理论依据；可以提供教育动态监管、预警服务，根据教育大数据实时变化情况，多平台、多时相、多波段和多源数据实时掌控教育动态，为各种教育专项工程提供全程监管、预警服务；可以提供教育个体综合评价、教育管理、教学质量评价服务，通过教育大数据挖掘产生的知识与信息，传递给知识库管理系统，使系统智能化、知识化，实现对教育规律、决策规律以及模型、方法、数据等方面知识的存储和管理，进而对教育个体、教育管理、教学质量进行评价，促进教育综合改革的进一步深化。

本部分内容关注的基于大数据的决策支持，主要体现在学校管理工作方面的决策支持。一个一般化的决策支持过程模型符合数据挖掘的一般过程，由分析工作流、方法与工具流、数据与信息流三要素构成。在"分析工作流"的关键环节有教师绩效评价、人才引进决策、招生决策、就业预测、职业规划、辍学分析、毕业生追踪、课程设置决策等;"方法与工具流"包括统计分析与可视化、相关分析、关联规则、决策树等一系列数据挖掘方法;"数据与信息流"主要有课堂教学与在线教学数据、教务管理数据、校园生活数据、教职工数据、后勤管理数据等。

这一决策支持模式体现出全面化的数据采集、高效深度的数据分析、可视化的结果呈现等全新特点。

1.数据采集全面化

教育大数据指的是与教育教学要素相关的以及教育教学过程中产生的全量超大规模、多源异构、实时变化的数据。教育大数据有四大来源:一是在教学活动过程中直接产生的数据,如课堂教学、考试测评、网络互动等;二是在教育管理活动中采集到的数据,如学生的家庭信息、学生的健康体检信息、教职工基础信息、学校基本信息、财务信息、设备资产信息等;三是科学研究活动中采集到的数据,如论文发表、科研设备运行、科研材料采购与消耗等记录信息;四是在校园生活中产生的数据,如餐饮消费、上机上网、复印资料、健身洗浴等记录信息。

2.数据分析深度化

教育领域中的数据也逐渐呈现出大数据的"4V"特征。针对数据量巨大的特点,可以采用分布式存储和计算方法,相应的工具有Hadoop、Spark、数据仓库以及各类商用大数据服务平台,如阿里云、亚马逊网络服务(AWS)等;针对结构化数据、半结构化数据和非结构化数据并存的特点,可以采用词语切分、信息抽取等方法,相应的工具有各类自然语言处理工具,如大数据搜索与挖掘开发平台;针对数据价值密度低的特点,可以采用聚类、关联规则、决策树等数据挖掘方法,相应的工具有SQL Server Analysis Services(SSAS)、Weka、SPSS等;针对数据的产生与处理加速的特点,可以采用信息自动抓取方法,相应的工具有各类网络爬虫软件,如火车头采集器。

3.结果呈现可视化

将分析结果以可视化的形式呈现给决策者,对于决策者理解信息并快速做出决策至关重要。可视化是利用计算机图形学和图像处理技术,将数据转换成图形或图像在屏幕上显示出来,并进行交互处理的理论、方法和技术。常见的可视化形式有基于坐标的图表、关系图、地理信息图、文字云图、仪表盘等,常用的可视化工具有Excel、百度ECharts、UCINETNetdraw、Worditout、R语言等。

二、大数据技术对学习干预的影响

（一）学习干预模型的构建思路

1.学习干预的界定

在传统教学领域，学习干预一直作为一个约定俗成的概念存在着，包括一切对学习者学习产生影响的介入手段。随着学习分析技术的发展，基于教育大数据的学习干预有别于传统教学环境下的干预手段，由此学习干预的概念再度引起教育技术研究者的关注。张超在对教育教学中干预特征分析的基础上，对远程教学环境中的学习干预进行了如下界定：学习干预是学习服务提供者为改善学习者学习绩效和解决学习问题而针对学习者采取的各种间接的介入性策略与行为的综合，其最终目的是帮助学习者发展特定的知识、技能和态度。陈珊指出，学习干预是立足于学习者出现的各种困难和难题，更有针对性地为其提供的各种支持，包括资源和活动等。

本部分内容以学习分析技术为基础和依据，探讨基于教育大数据的学习干预模型的构建。作为教育大数据重要应用之一，学习分析通过分析学习者的学习情况等过程数据，构建学习者学习行为预测模型，进而获得并预知学习者的学习状态，如学习进度、学习路径等。由此，将学习干预界定为：为了帮助学习者克服学习困难、顺利完成学习，以基于学习过程的教育大数据的分析为基础，针对每位学习者的具体学习状态而实施的各种支持性策略和指导性活动的综合。

2.学习干预的方式

对于学习干预的方式，李艳燕等进行了系统深入的研究，从干预的性质、规模、主体等维度区分了干预的内容。从性质的角度，干预可以分为教学干预和社会干预，教学干预指一切教学元素的干预，如学习路径建议、学习资源推荐等，而社会干预指学习心理疏导、伙伴推荐等；根据干预的规模，干预可以分为个人干预和班级干预；根据干预的主体，干预可以分为人工干预和自动干预。人工干预主要应用于传统课堂教学，教师发现问题后，直接对学习者进行教学干预，如增加练习、谈话，调整授课方式和学习活动等，而自动干预主要指非正式学习或混合学习中技术支持下的干预，如个性化学习系统或自适应学习系统实施的干预，教师利用设备对学习者移动终端进行干预等。张超则将干预目标群体和干预形态视为干预分类体系的基本变量，并综合这两个维度，提出了"学习干预的二维分类框架"，得出了四类不同的学习干预方式，即个体化—结构化、个体化—非结构化、集体化—结构化、集体化—非结构化。此外，有研究者针对教师主导和学生自主学习两种教学模式提出了不同的干预机制。

3.学习干预的具体方法

随着学习分析技术在教育大数据中应用研究的不断深入，研究者在实践应用领域中也开展了关于学习干预具体方法的相关研究。普渡大学的"信号项目"致力于从学习管理系统、课程管理系统、课程成绩簿中收集信息来划分危险学生的层次，用绿色、黄色和红色来标示危险等级，并针对处于"危险"状态的学生进行个别化指导。北亚利桑那大学的评价绩效状态系统能够收集学习者在课堂中的表现评级，并通过邮件发送给学习者，邮件主要包括出勤情况、学习成绩和课业问题三类。在开放学术分析项目中，学习者的学习数据经过学习分析处理后，形成学术警告报告，被识别为处于危险状态的学习者将会获得系统提供的自动干预，共有两种，即警告信息和参与在线学习支持环境。其中，警告信息针对那些顺利完成课程任务存在风险的学生，警告信息的内容包括学习现状、详细学习建议和指导等。要求参与在线学习支持环境的学生，将进入一个在线学习支持网站，其中包含可汗学院视频、FlatWorld开源教科书等开放教育资源，同时他们还会得到来自同伴或专业教学人员提供的学习指导。当学生多次处于危险状态时，警告信息将会变得越来越严厉。

4.学习干预模型的提出

干预模型从系统和整体的角度指导整个干预过程的设计与实施，对于干预过程的顺利开展和干预目标的实现起着重要的指导作用。当前关于学习干预理论层面上的研究，较多地探讨了设计干预措施的基本原则、建议，以及微观层面的干预方式及内容，还没有较为系统和完整的干预模型。在实践层面上，已有的项目和系统通过自动、半自动等方式实现了有效干预，其中涉及的干预机制等为研究设计干预模型提供了借鉴和参考。基于对已有研究的综合分析，提出了所示的基于教育大数据的学习干预模型（图3-1）。该模型以干预引擎为中心，以发现学习者的学习困难、提升学习者的学习效果为目标，包括学习者状态识别、干预策略匹配计算、干预策略实施、干预效果分析四个循环环节。

（1）干预引擎是模型的核心，起着关键的调控作用，监控着每一环节的实施状态，并适时对干预过程进行调整，以保证干预朝着有效的目标进行。

（2）对学习者学习状态的准确识别和判断，是干预策略选择和实施的起点和关键环节。学习者状态识别是指基于教育大数据来获取学习者的状态信息，识别出学习者学习状态的关键特征，从而定位学习者的学习阶段，判断学习者的学习状况。基于教育大数据的学习分析技术能够有效地支持教师收集、分析、输出学习者相关教育大数据并得出其学习状态，如学习任务完成情况、学习内容掌握情况等，从而为学习者状态识别提

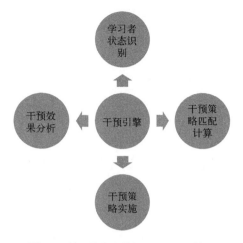

图3-1 基于教育大数据的学习干预模型

供有效的支持。

（3）干预策略匹配计算是指依据学习者学习状态的关键特征，从干预策略库中筛选相关的干预策略，并与学习者学习状态的关键特征进行匹配计算，得出匹配度较高的最佳干预策略。匹配合适的干预策略是干预实施效果的重要保障，干预策略匹配计算又依赖于存储的干预策略，因此，学习干预模型构建的关键是设计干预策略库与匹配机制。

（4）干预策略实施是指根据最佳干预策略，以恰当的干预方式，将合适的干预内容推送给学习者。

（5）干预效果分析：干预是一个系统性的、循环往复的过程。干预模型始于经过学习分析得出的学习者学习状态数据，然后判断识别学习者学习状态的关键特征，同时从干预策略库中筛选相关的干预策略，并与学习者学习状态的关键特征进行匹配计算，将匹配度较高的干预策略（包括干预方式及具体干预内容）推送给学习者。实施干预策略后，干预引擎将持续跟踪学习者的学习状态，一方面是判断已实施干预策略的效果，另一方面是及时发现学习者新的学习状态以备选择并实施新一轮的干预，依次循环往复。

（二）学习者状态识别

学习者学习状态的准确识别是干预策略准确选择且有效实施的必然前提。随着数字化学习的普及和流行，教育领域已经部署了众多学习管理系统，学习者在各种学习终端支持下的各类学习系统中都产生并保留了大量的学习记录。这些记录中隐藏着有关学习者大量的多维信息，通过恰当的技术对这些数据进行聚类与分析，可以获得、跟踪和掌握学习者的学习特点、学习需求、学习基础和学习行为等不同类型的数据，从而为学习者的状态识别提供依据。

1. 教育大数据的获取与分析方法

教育大数据得以有效利用的根本前提是能够基于技术手段获取到教育大数据，并加以分析，从而获得对学习者有用的关键信息。目前已有众多研究者对教育大数据的获取进行了研究，为基于教育大数据应用的相关研究提供了思路。牟智佳提出电子书包中教育大数据的获取来自数据捕获、多感知数据和实时传感数据三个方面，可以通过多个软件实现对多种数据的记录。顾小清等将学习者在学习过程中的学习行为、学习活动、学习进程以及与之交互的学习环境等数据概括为学习者的学习经历数据，并利用"活动流"来描述学习经历，同时用Statement记录学习经历的方式来获取学习者的学习数据。

2. 学习者学习状态数据及水平识别

想要准确地识别学习者的状态，就要有针对性地收集教育大数据。为了实施有效的学习干预，需要获取哪些数据呢？孟玲玲等从学习分析工具的角度提出，要对学习者的学习进度等网络学习数据、知识建构过程等学习内容数据、学习能力和学习水平等学习能力数据、学习轨迹及特征等学习行为数据进行分析，从而准确地获得学习者的学习状态特征。李艳燕等提出应通过分析教与学过程的交互数据、教学资源数据、学习者之间的网络关系数据、学习者的特征数据、学习者行为与情感数据等来表征学习者学习特征。许陵等从生物信号的角度分析学习者在学习过程中的心理和生理状态，用以观测学习者注意力下降或者出现疲劳等学习状态。学习过程中，学习者往往会在多个方面有不同的表现。在本书中主要考察学习者的学习风格、学习进度、互动水平、学业成就四个方面的状态水平。

（1）学习风格类型识别是干预引擎采用某种算法，基于量表采集的数据以及学习者的浏览记录等相关的数据综合判断，将学习者定位为不同的学习风格类型。

（2）学习进度水平识别是指干预引擎基于学习者的学习路径、学习内容等数据，判断学习者的学习进度。

（3）学习互动水平识别是指干预引擎综合学习者的交互频率、交互内容、社会网络关系三方面的数据，判断学习者的交互频率、交互深度、交互广度三方面的互动水平。其中，交互频率是指学习者参与互动的次数，可以通过登录次数、发帖次数等数据反映出来；交互深度则包括学习者所发表的交互内容的质量，可以通过对交互内容的分析得到的结果反映出来；交互广度是指学习者在交互过程中所形成的社会网络的规模以及学习者在社会网络中所处的位置，可以通过交互的社会网络分析得出。

（4）学业成就水平识别包括对学习者整体成绩水平的判定和学习薄弱点的记录，整体水平通过学习者的成绩数据来反映；学习的薄弱点则根据学生在某个知识点的学习时长以及错题记录来判定。

（三）干预策略库设计

在识别学习者状态的基础上，干预引擎会针对学习者的具体状态从策略库中选择并计算最优匹配的干预策略，以对学习者进行有效干预，帮助学习者将学习状态调整到更为优化的水平。因此，干预策略库的设计对于实施有效干预并提升学习成效起着至关重要的作用。针对学习风格类型、学习进度水平、学习互动水平、学业成就水平四类学习者状态给出具体的干预策略、不同策略的干预时机以及干预方式。

干预策略匹配的重点在于一方面将学习者的学习状态可视化，可视化的目的在于让管理者、教师和学习者都能清楚地了解学习者所处的状态，可视化的方法则多种多样，如学习进度条、完成百分比、目标达成程度、学习路径图、社会网络图谱、薄弱知识点列表、成绩分布图、成绩排名、参与互动的次数显示、发言质量评价等。另一方面，干预引擎会根据学习者的状态来进行干预，具体的干预方式包括提醒、推荐/推送、会话等，其中可以采用消息、邮件、页面弹出窗口等方式来对学习者进行适时的提醒；推荐/推送则是指智能地根据学习者的状态向学习者推送相关的资源、学习建议指导、学习工具、学习伙伴等；会话则是指由智能机器人或教师与有学习困难的学生进行文字、语音或视频的会话，以半人工或人工的方式进一步了解学生的学习状态和困难，以采取更为有效的干预措施。

当然，在实际情形中，学习者的这四类状态并不是孤立的，干预引擎在整个过程中始终持续地同时监控着学习者在这几方面的状态水平，并在恰当的时机给学习者提供相应的干预。

（四）干预策略实施与效果分析

1.干预策略实施

为学习者匹配合适的干预策略后，干预引擎将向学习者实施干预。实施干预可以采用自动干预、手动干预两种方式。自动干预是由干预引擎或干预系统自动完成的，实施过程不需要教师等人员的参与，但需要教师将干预策略的实施规则进行设计，如干预策略所面向的受众范围或辐射区间，干预实施的时间、频率及频次等。手动干预是指干预实施的过程由教师等教学相关人员手动完成，如向学生发送个性化学习指导、建议等信息。随着干预引擎的不断智能化、学习者数据的大量堆积、干预策略的逐渐丰富，干预策略将更多地由干预引擎自动实施，达到科学、及时、准确的干预效果。

2.干预效果分析

干预引擎向学习者实施干预后，学习者将会收到相应的干预，并按照干预要求去改进或加强学习。干预引擎将继续跟踪学习者的学习状况，分析、评价干预策略的实施效果，一方面，将实施效果作为一个属性填充到干预策略库中对应策略的属性中，为后续类似的干预策略匹配计算提供参考。另一方面，依据实施效果，干预引擎将进行是否需要再次干预的判断。如果实施效果良好，即学习者的学习状况得到了改善，干预引擎则开始追踪学习者新的学习状态；如果干预策略实施效果较差，学习者学习状况依然不乐观，干预引擎将进行二次干预，依次循环往复。

三、大数据技术对大学生创业的影响

大数据带来的革命不是悄然发生而是直面扑来的，大数据背景下大学生创业问题值得探析。大学生创业不仅是实现自身价值的有效路径，也是解决大学生就业难题的有力措施。大学生创业具有战略意义，关系到国民经济发展与社会的稳定和谐。

（一）大数据背景下大学生创业的优势

目前，数据已如洪流一般，在全球政治、经济生活中奔腾，大数据具有四大特点：大量化、高速化、多样化、价值性。大数据背景下使得传统权威不一定拥有绝对的话语权，社会等级不一定拥有绝对的支配权，年龄资历不一定拥有绝对的决断权，从而为大学生创业无形降低了准入门槛。

大学生具有独立性，自主意识较强，竞争、务实、个性化是大学生的时代标签，这也是大学生的创业优势。大数据背景下的商业更透明、信息更对称、诚信回归商务本源、优胜劣汰的筛选机制展现得淋漓尽致，"有想法无办法"成为很多创业者的困惑，大学生思维活跃、敢想敢做，更具发展潜力。同时，创业中常常出现看不见、看不懂、看不起、来不及的状态，思想保守往往成为创业的束缚，创业过程中唯一不变的就是改变，今天看到的不能代表未来，今天的机遇不代表未来的前景，大学生作为创新的主体，视野开阔、乐于接受新事物，思想中受旧的条框约束少，更易于创新。大学生的接受能力较强，大数据引起的产业链重构与价值链重组在消费者、资源配给、营销工具、商业模式方面都有不同，作为接受过高等教育的知识主体，大学生易于拥抱潮流，为创新创业奠定了重要的基础。

（二）影响大学生创业的要素

大学生群体相较于其他群体在创业过程中有一定的特殊性，大学生在学历层次、精力体能、发展潜力上具有明显优势，但在工作经验、劳动技能、社会资本、财富积累等方面缺乏竞争力。影响大学生创业的要素概括起来有以下几点。

1.劳动力市场的供求匹配度

劳动力供求匹配度是衡量就业创业市场质量的重要因素。供求匹配度除了取决于教育背景、市场结构以及制度因素，还受大学生合适岗位的努力水平影响。大学生就业呈现出从大中城市向县级城市发展的趋势，就业单位呈现出从集中向中小型非公企业流入的趋势。大学生就业意向、职业价值观念持续向白领岗位倾斜，当大学生职业选择意向和社会需求出现明显不对称状态时，创业意愿增强。

2.人力资本和社会资本的影响

人力资本主要是指通过正规学校教育、在职培训、实践经验、迁移、保健等方面的投资而形成的个人能力和技能。社会资本是通过亲缘关系、地缘关系、业缘关系等途径获得的。在大学生创业过程中，人力资本与社会资本互相作用，人力资本发挥决定性的作用，社会资本起影响作用。在人力资本均等的情况下，社会资本更重要。

3.创业环境和创业教育

大数据是目前大学生创业的背景，大学、企业、政府构成大学生创业的三螺旋关系。近年来支持大学生创业的舆论环境、制度环境逐步优化，大学广泛开展创业教育，培养学生的创业能力，创业教育的效果不断加强。但不可忽视的是，大学生创业成功率低是有目共睹的事实，创业教育与解决实际问题如何同步还需探讨。

（三）基于大数据技术的大学生创业模式

数据背后潜藏着巨大的商业机会，客户的心理共性、消费习惯、兴趣爱好、关系网络都可以成为大学生创业的增长点。大数据时代，大学生创业只需要一个好点子。大学生循"数"创业的商业模式可以涵盖为以下几方面。

1.教育革命中的创业

大数据背景下，未来教育的主流可能是这样的：视频成为主要载体，教育资源极其丰富，时间、年龄、空间都不再是问题，教育在学校之外发生。慕课和微课是变革教育的第一波浪潮，优质视频开启自主学习，免费网络课程引领教育解放。大学生创业可在教育流程再造过程中寻得商机。大数据教育领域的数据存量庞大，各类学习管理系统中学习信息和学生信息也逐渐增多，以学习者为中心的学习理念将颠覆传统的以教师为中心的教育理念，教育为学习者的智慧发展服务。

2.文化再造中的创业

在传媒领域，大学生创业者可以关注到以下特点：就传媒而言，新媒体已经完全占据媒体主流；电子化、数字化、工具化进程提速，价值主流话语碎片化、信息世俗化已被广泛接受。网络成为文化传播的主流渠道。大学生创业者面临大数据商业模式延展上的挑战之一，就是如何将数据信息与产品和人相结合。随着信息技术的发展，人和物的所有行动轨迹都可以被大数据记录，大学生在传媒和文化领域创业的核心聚焦于人的参与感和体验感。

3.社区管理和家庭探索中的创业

大数据时代，各类社会型企业成为公益和商业的纽带桥梁。大学生创业可应用大数据思维，构建全新社区管理与社区服务体系，建立社区管理信息收集平台。技术的进步支持多样化探索，通过社会关系数据、个人健康数据、购物数据等从社区和家庭中的精神和生活状态中寻找创业机会，健全处理社会矛盾的有效机制，促进平安社区建设。由于政府资源分布不均，为社区管理与公共空间的发展提供了机遇，在社区服务缺位处大学生创业可填补空白。

4.社会治理转型中的创业

长期以来，公共服务供给不足、发展不平衡的现象十分突出，大数据为公共服务和社会管理的便利化、效率化、多元化提供了新契机。"小政府、大社会"是政府社会管理格局的方向，政府的政治职能和经济职能过分挤压社会职能的空间，社会管理的诸多空白地带正是大学生创业的良机。大学生创业社会管理服务若具有低成本、高效率、专业性和可选择的优势，则可承接政府职能中公共服务、事务性强的部分事项，如社会救助等方面。政府向各类社会组织购买服务，大学生由此获得创业机会。

四、大数据技术对高校图书馆发展的影响

（一）大数据技术下高校图书馆的新思考

1.海量数据

随着信息化建设的发展，大量数字资源，如电子图书、期刊、数据、网络资源涌入高校图书馆，智能手机、平板电脑等移动终端的普及使读者不受时空限制即可获取知识。高校图书馆的移动客户端、WAP网站、数字图书馆等如雨后春笋般涌现，使用户的数据量爆发增长。面对如此海量的数据，高校图书馆应主要分析、挖掘用户的借阅记录、查询日志、社交活动、移动终端使用记录等各类半结构化数据，因为这些数据中包含了很多隐性价值，对改善服务方案、提高服务效率、开展个性化服务有很大帮助。

2.读者流失

随着各种新信息技术的不断发展，网上数据库、网上书城以及公开免费的网上图书资源充斥着互联网，给传统的高校图书馆带来了压力，读者流失日益严重。而大数据为高校图书馆解决这一问题提供了新的思路。高校图书馆可以借助大数据技术对读者需求数据（包括借阅记录、咨询记录、荐购记录等）进行分析，不仅可以了解读者的信息行为、需求意愿及知识运用能力，还可以深度挖掘读者在交互型知识服务过程中的潜在需求，从而有针对性地开展服务并吸引读者，以应对生存危机，同时利用读者不断增长的信息需求促使高校图书馆的拓展服务持续延伸、完善。

3.大数据应用

高校图书馆的核心价值就是为学生、教师服务，教师的科研成果、学生的论文成果在某种程度上代表着高校的教学、科研水平。图书馆只有了解师生的需求，掌握其阅读习惯，才能提供优质服务，进而提升整个学校的科研水平。高校图书馆要充分利用大数据技术和大数据思维，发现潜在价值信息，为师生提供高效、智慧的服务。首先，高校图书馆应用大数据具有现实可行性。教师、学生在使用图书馆时会留下使用痕迹、用户行为日志等，这就形成了很多有价值的数据。其次，高校作为科研重地，对新技术、新思想的敏感性很强，在高校图书馆中使用大数据技术并不是什么难题。此外，大数据技术不是一项具体的技术，而是数据采集、数据存储、数据处理、数据挖掘等技术的融合，这些技术相对来说已经很成熟。高校图书馆面对新技术、新思维的冲击，要抓住发展契机，转变服务模式，实现可持续发展。

4.隐私保护

大数据是一把"双刃剑"，它涉及隐私问题，包括用户姓名、邮箱、电话号码等；它还具有关联性和累计性，一旦信息被泄露、滥用，将对用户造成极大危害。高校图书馆中存在着大量读者数据，如用户查询记录、用户借阅数据及手机客户端访问日志等。图书馆为了改善服务方式，提供优质服务，需要对这些数据进行分析，通过数据挖掘、知识发现等技术，了解用户阅读行为。高校图书馆还应高度重视读者隐私，树立高尚的职业操守，在正当、合法的范围内使用读者数据。

（二）大数据技术下高校图书馆的转型

1.基于数据挖掘的图书采购

高校图书馆的采购工作是图书馆工作的重要组成部分，图书采购水平的高低直接影响着馆藏建设的数量和质量，更关系到图书馆提供科研服务和教学服务的水平。图书馆有限的经费、文献出版的混乱、文献价格的逐年上涨给图书馆采购人员带来了巨大的挑战。采购人员的个人能力、信息素养有限，很难从全局观念出发，采购到既能满足本校教学和科研需要又具有一定价值的文献。大数据环境下，有效地分析读者需求成为可能，在图书馆的 OPAC 系统中有大量的搜索记录，借阅系统中有借阅记录，读者荐购系统中有荐购记录，另外，开通的官方微博、微信中有很多读者潜在的需求数据，通过对这些数据进行挖掘、分析，能准确定位读者需求，从而为其提供有价值的文献资源，而不是仅仅依靠图书馆的荐购系统或采购人员的经验去采购图书。

2. 基于大数据的虚拟咨询服务

参考咨询部门主要负责解答读者在利用图书馆过程中产生的各种问题。在通信技术和网络技术普及应用的条件下，实时虚拟参考咨询应运而生，咨询员不再受地域、时间的限制，可在网上实时解答读者问题。随着技术的发展，实时虚拟参考咨询系统主要有国内的国家科技图书文献中心（NSTL）实时咨询服务系统、中国高等教育文献保障系统（CALIS）分布式联合虚拟参考咨询系统、即时通信工具（QQ、MSN）、图书馆微博、微信公众号等。这些实时咨询系统的共同点是参考馆员必须实时在线、实时守候，参考馆员的知识能力、非上班时间的时效性、工作量等因素势必影响参考咨询的质量以及图书馆的服务水平。高校图书馆开展了多年的咨询服务，在读者咨询的问题中，有很多都是相似的，咨询员通过整理分析后形成了精选的常见问题解答（FAQ），同时积累了大量宝贵的咨询记录。这些数据日积月累形成了图书馆的大数据，对其进行挖掘、分析，能够帮助图书馆提供优质、完善的咨询服务。将人工智能运用到图书馆参考咨询中是一种新的尝试。清华大学图书馆设计的"小图"是一个很好的代表，另外还有重庆文理学院的 AIMLBot 智能机器人。基于人工智能的实时虚拟参考咨询的成功尝试离不开图书馆咨询服务累积下来的数据支持，其核心语料库都以咨询服务累积的数据为基础，实现了全天候、快速响应、个性化、准确性的咨询服务，使传统的参考咨询服务有了质的飞跃。

3. 科研数据知识整合

大数据时代，握有数据同时具备大数据思维才能在未来的发展中占领先机。随着数字化的发展，高校图书馆加快了数字化进程，纷纷购进电子图书、网上数据库。然而，教师和学生通常把图书馆当作提供免费资源的部门，只是检索、下载所需的网上资源，忽视了图书馆的重要性。为了摆脱尴尬困境，高校图书馆应该积极行动起来，不但要提供文献资源、电子资源、空间资源，更要加强对高校各个院系、校属科研单位的实验数据、科研成果、学术报告等的收集、监管、整合，以证明自己对学校、社会的价值。通过对这些数据的分析，挖掘出高校科研前沿、教学新动向，提供定时上门服务、电话咨询等方便灵活的借阅方式，为学校科研、教学的发展做出贡献。另外，高校图书馆应长期监管保存高校院系、校属科研单位的科研数据，构建特色资源库，以保持科研的延续性。

4.嵌入式学科馆员服务

学科馆员制度逐渐成为高校图书馆提高竞争力的主要服务，反映了高校图书馆服务领域的变革和创新，表明高校图书馆工作已经形成与学科、学者、读者联系起来的互动式服务。随着服务理念的深化以及用户需求的变化，嵌入式学科馆员应运而生。与传统的学科馆员不同，嵌入式学科馆员将服务深入到用户中，参与到用户的学习、科研中，为用户随时随地提供个性化、学科化、知识化、泛在化的服务；以用户需求为中心，用户需要什么图书馆就提供什么，深层次发掘用户需求。这就要求学科馆员以院系学科为导向，对院系用户在图书馆检索和浏览电子资源、文献资源留下的行为数据进行数据分类，挖掘用户浏览下载的文献出处、关键词、摘要等，归纳出用户感兴趣的主题，从而提供有针对性的增值服务。大数据环境给嵌入式学科馆员服务提出了新的要求，通过对大数据的分析来提升嵌入式服务的水平，也是未来图书馆服务值得探讨的方向。

5.以个性图书馆推荐服务

随着网络技术的高速发展，数字图书馆得到了快速的发展，在信息存储能力方面也得到了较大幅度的提升。数字图书馆很好地运用了数据库整合技术，为用户在数字图书馆的信息资源检索方面建立了更加便捷的途径。但是大数据时代信息的海量增加，也给用户带来了更多的烦恼。例如，当用户在数字图书馆输入关键词进行检索时，可能会出现成千上万的信息资源，反而使用户无从选择，如果一个个地下载、查看，不但浪费时间，而且还占用大量的资源。

第三节　大数据技术对教育环境的变革

一、教育大数据的发展利用现状

当前，我国教育大数据的发展与利用已具备一定基础，但与商业、医疗、环保等领域相比，还存在诸多问题。

（一）教育大数据发展利用存在的问题

一是大数据结构标准不统一。近年来，伴随着云技术、物联网、大数据、泛在网络等新一代信息技术的持续发展，各地都加大了对教育信息化建设的投入，但由于采用的处理技术、应用平台各异，采集的数据格式不统一、标准不一致，数据库接口也不互通，数据多、来源多、类型多，形成了一个又一个条块分割的数据"孤岛"。

二是大数据共享机制不明确。大数据的价值基础在于数据规模大、来源广、共享普遍，然而当前的教育大数据共享还普遍存在"不愿共享""不敢共享""不能共享"的难题，没有形成统一联动的共享机制，数据的归集、整合、清洗、比对等普遍滞后。这其中有避免数据安全风险的因素，但更多的是缘于大数据思维欠缺。

三是大数据应用不成熟。当前，在我国教育领域得到普遍认可的大数据应用屈指可数，如在学生画像、学业预警、精准资助等方面有成功探索，但仍然比较零散，数据规模也不大，模型构建、可视化呈现则处于起步阶段。

四是大数据发展制度安排不健全。国家层面缺乏对教育大数据发展体制、机制、共享、技术、方法、应用与安全等方面系统规划的法规，还没有体系化的大数据集成、使用和管理机构。

五是大数据人才支撑不充足。随着我国大数据产业的突飞猛进，数据工程师、数据分析师等人才短缺问题日益凸显，这成为教育大数据向纵深发展的瓶颈之一。

六是大数据安全隐私保障不完善。教育大数据涉及庞大的教育者和受教育者信息以及教育教学的方方面面，关乎国计民生，现有法律法规有关教育大数据的规定并不明确，存在边界模糊情况，既不利于维护数据安全，也不利于数据充分共享。

（二）教育大数据发展利用的对策

一是做好顶层设计，完善制度供给。大数据时代的教育现代化涉及教育理念、管理方式、组织结构等多方面深刻变革，有必要将教育大数据的发展作为教育现代化的技术支撑纳入国家战略，明确教育主管部门、教育机构、大数据企业等相关各方的责权利，从人才、资金、政策等方面给予系统支持，制订数据标准、数据共享、数据管理、数据存储、数据安全和数据应用规范，引导教育大数据产业健康发展。

二是建立专门机构，实施数据治理。教育大数据是宝贵的教育发展资源，中国是教育大国，所产生的海量教育数据的潜在价值不可估量。应出台教育大数据管理办法，成立专门的大数据治理机构，履行法定职能，制订规范标准，支持大数据应用开发，保障教育数据安全隐私，推动数据共享共建，引导大数据产业发展。

三是建设公共平台，推动数据共享。教育大数据的价值和前景是基于海量数据资源的汇聚、挖掘和应用的。要打破各种信息壁垒和"孤岛"，推动信息跨部门跨层级纵向贯通、横向集成、共享共用。数据共享是一项基础性工作，又是一项难度很大的工作。

要实现数据共享，须在数据收集、数据存储和数据分析等环节建立公共服务平台，这些平台都是投入巨大但收效较缓慢的基础工程。以存储为例，在国外一些使用大数据的成功案例里，客户需要为45天的数据存储服务支付超过100万美元的费用。

四是注重人才培养，完善业态布局。专业人才缺乏是制约大数据发展的重要因素。目前，部分高校开始开设大数据专业，并以市场为导向开展校企合作，人才匮乏问题有望逐步缓解。基于此，应推动形成包括基础设施提供商、数据采集提供商、数据挖掘与分析提供商、数据应用服务提供商、数据存储服务提供商和数据安全服务提供商等的完整业态布局，推进教育大数据持续、健康、有序发展。

二、大数据下教育载体环境变革

自适应学习是一种学习者在学习具体的内容时，经过自己独立的思考并动手操作得到知识的学习。自适应学习与传统的学习有差别，传统的学习是学习者被动地接受教师传授的知识，学习内容和学习过程基本由教师控制，而自适应学习从学生的个体差异出发，使学习环境、学习内容和学习策略不同，且处在不同学习水平的学生都可以进行符合自身的个性化学习活动。自适应学习最大的特征是在进行自主化学习的过程中，学习者能依据自己的学习状况，实时调整自己的学习内容和学习方式，从而使自己的学习更有针对性和高效性。

（一）自适应学习系统支持个性化学习

自适应学习系统的研究最早始于国外，美国匹兹堡大学的皮特·布鲁希洛夫斯基（Peter Brusilovsky）教授提出了自适应学习系统的定义：自适应学习系统是通过收集并分析学生进行自主学习活动时与系统进行双向交互所传递的数据信息，依据分析的结果来建立学习者模型，从而使传统教育中所呈现的难以解决的"无显著差异"问题得到很好改善和解决的系统。同时，美国教育部教育信息化办公室也对其提出了定义：自适应学习系统会通过分析学生在学习过程中所反馈的行为信息来动态地更新学习内容和学习策略。近年来，国内的一些学者在进行自适应学习系统的研究过程中也做出了一些定义。徐鹏和王以宁提出，自适应学习系统通过分析学生的个体差异而为学生提供符合不同学习特征的个性化学习支持。黄伯平、赵蔚等阐述了自适应学习系统的内容、文化和连通性。内容指的是系统会根据学生模型的知识结构为其补充所缺失的课外信息，为其隐藏所不需要的信息；文化指的是要考虑学习者不同的背景经历、学习动机和学习倾向性，并据此更新教学任务；连通性指的是学生所接触的学习内容在系统内部通过某种方式连接在一起，系统的导航会指示学生选择不同的学习内容。总结上述定义，可以得出，自适应学习系统的本质就是将学生置于学习过程的中心，将主动权交到学习者手中，通过一定的机制动态调整学习内容，以满足学习者个性化需求，从而改变学生被教育和被动接受知识的现状。

1.自适应学习系统支持个性化学习的优势

近年来，借助网络技术进行教学活动已成为潮流趋势，应运而生，也出现了一大批用于网络教学的远程教育系统。但是，通过实践发现其中存在许多问题，如教师无法了解学生自学的过程，学生在利用网络学习时会被网络上的娱乐性信息所诱惑，而教师所提供的学习资源相对来说比较枯燥乏味，意志力和自觉性较弱的学生很可能无法完成学习。这就导致学习者在网络教育平台上的学习变成了一种被动学习，不利于学习者自主学习能力和创新能力的培养和提高，也不利于学习者积极地进行知识建构，容易使学习者在学习过程中产生惰性。这些问题归根结底是因为这些在线教育平台没有考虑到学生的真正需求，所有的学生面对的是同样的学习资源，进行的是同样的学习活动，忽略了学生已有的认知水平和学习风格的不同。总的来说，这些学习平台不能为学生提供个性化的学习指导。所以，在利用网络平台进行教育教学的过程中，最需要的是一个真正能够为学生提供个性化服务的系统。这个系统要为每位学生提供最优质的教育资源，并且能够分析出不同学习背景和认知水平的学生的差异，为他们提供与自身情况相匹配的个性化学习服务，这就是自适应学习系统。该系统用来模拟学生的学习背景、学习风格、学习偏好和认知状态，而且能够满足学生与系统互动过程中的个体需求。

2.自适应学习系统的通用参考模型

参考模型是包含对象的基本目标和思想的模型，可用于研究。参考模型用于创建规则，确定体系内各个部分的任务，降低问题的复杂程度，同时易于比较与交流。参考模型用一定的准则来指导系统的开发，重视组织层面的要素，进一步说明了系统的各个部分交互的过程，所以探究参考模型对于设计和开发自适应学习系统有着极其重要的意义。

关于自适应学习系统的参考模型，皮特·布鲁希洛夫斯基教授提出了一个通用模型，该模型有以下核心组件：学生模型、领域模型、教育学模型、接口模型、自适应引擎。其中学生模型主要包含的是学习者现有的学习水平、学习风格、学习经历和背景等基本信息，这是学习者个性化学习状态的表征，也是自适应学习系统中必不可少的一部分，如果没有建立完善的学生模型，该系统就无法准确反馈学习者在学习中的问题，也就无法为学习者提供准确的学习方案和学习策略。领域模型反映的是系统中知识呈现的结构形态，也就是指不同概念间的联系，每个概念都有不同的属性，同样属性的概念可以被视作不同的数据类型。教育学模型定义了学生模型如何访问领域知识模型，访问规则需要以领域知识为依据。接口模型即代表用户和系统进行信息交互的部分，系统通过访问接口模型中用户的数据来确定学生模型。自适应引擎是自适应学习系统中具有典型性的部分，整个系统就是通过自适应引擎来分析领域模型和学生模型中的问题，然后动态地反映学习者在学习过程中的信息。

（二）基于自适应学习系统构建个性化学习环境

构建个性化学习环境，最需要关注的是如何将学生置于中心地位，让学生根据自己的喜好和认知方式自主选择学习内容和学习策略，通过自我评估来发现和反思自己在学习过程中出现的问题，并根据问题来调整学习进度和学习方式。在个性化学习环境中，第一，学生要有强烈的自觉意识和自我反省意识，还要有较强的学习能力，能根据自己的学习情况来调整自己的学习策略，使自己在这个学习环境中充分利用网络资源来提高学习效率。第二，网络教育平台要具有强大的交互性和智能性，一方面可以使学生在自主学习过程中及时与教师和同学沟通交流，另一方面可以根据学生的需求提供个性化服务。基于自适应学习系统的个性化学习环境设计的原则，将自适应学习系统参考模型的核心部分通过技术支持转化成为学生提供个性化学习的系统。学生模型即代表学生，包括学生的学习行为、认知风格、学习水平、兴趣爱好等。领域模型代表与学科相关的领域知识，反映的是概念与概念之间的联系。自适应引擎即代表提供个性化服务的系统，能根据学生模型和领域模型动态呈现信息。系统会通过分析学生模型中学生的个性化信息，按照自适应引擎中的规定，在领域模型中找到相应的学习对象，借助一定的方式呈现给处于不同学习层次的学生，从而满足具有个体差异性的学生需求。根据这一原则，需要设计出一个学生、教师、系统相辅相成的个性化学习环境结构模型。

1.课程资源的建设

优秀的课程资源是学生进行有效学习活动的前提。教师上传到教育平台上的课程资源一定要经过精心制作和筛选，既要引起学生的兴趣，又要涵盖全面具体的知识点。教师将资源上传到教育平台之前，应该将资源设置成不同的难度等级，学生在学习过程中，系统会根据学生的表现动态提示学生是否要更改资源的难易程度，从而满足不同学习能力的学生。

学生在进行自主学习过程中通常会用到三类资源：第一类是课程知识讲解视频和课件。就像当下流行的微课，在简短的时间内将学生所要学习的内容组织起来形成一个完整的体系，以视频的形式呈现给学生。课件是视频的补充和说明，是以文字的形式将课程主要内容呈现给学生的。第二类是测试题和作业。这一部分的内容既是对学生学习结果的检测，也是系统分析学习过程的重要信息来源。只有通过检测，系统才能分析出学生对于学习内容的掌握情况，从而为学生推送具有个性化的学习内容。第三类是与课程相关的参考知识，如学科前沿研究、扩展学生思维的课外知识。通过这些知识的补充，学生可以更快更深入地掌握课程核心内容。

2.学习过程的记录

在开始学习前，学生要先明确自己的学习目标，只有目标明确才能更有针对性地进行学习活动。目标的制订既要符合教师的教学目标，又要基于学生自身的学习状况和学习兴趣。学生在学习过程中，系统要为学生提供实时的个性化学习导航支持，以解决学生在学习过程中遇到的问题，从而满足学生的个性化需求。如果有系统也无法解决的问题，学生可以通过与同学或教师的实时远程交流来解决。同时，系统会根据学生的学习行为来记录学生的在线学习时间、作业完成情况、测试成绩、参与互动学习的情况、学习工具的使用偏好等。

3.数据的统计和分析

在线学习时间的记录从学生登录系统开始，到退出系统终止。教师布置作业要限定在某一时间段内，过了截止日期将自动关闭提交系统。每部分知识学习完之后，系统会提供相应的自测题目，用于检测学生的学习效果，系统会记录下学生每道题的答题情况。互动学习情况就是记录学生在讨论区与其他学习者的互动情况，包括自己提出问题和回复他人问题。系统会根据学生使用学习工具的频率，分析出学生对于系统中学习工具的使用偏好。

4.学习内容的动态更新

学生在完成知识的学习后，首先会进行测试题的检测，这些测试题都有不同的难度等级。如果学生第一次就通过了测试，系统会自动弹出对话框，询问学生是否需要加大难度等级，学生可以根据自己的学习兴趣自主选择。如果学生选择是，系统会自动调出预设的难度更大的题目；如果学生选择否，则由学生自主选择接下来的学习内容。如果学生不能顺利完成测试，系统会弹出是否需要降低题目难度的对话框，由学生自主选择。总之，系统会给学生提供适合其水平的资源和题目，这样既加强了学生对知识的掌握，又不会打击学生的学习积极性。

系统会分析学生在线视频的观看时间和观看频率，如果某一个知识点的在线视频的平均观看时间超过了教师预先设定的标准，而且观看频率也很高，说明该知识点的难度偏大，教师需要补充相关知识点的在线资源，以适应不同学习水平的学生学习。如果某一知识点观看频率低，说明这一部分内容不能吸引学生的学习兴趣或者这部分知识不够重要，这时教师要及时与学生沟通找出问题所在，并调整相关学习资源。

5.提供个性化学习指导

教师根据系统记录的数据，对学生的学习情况进行分析和总结。对于学习时间较短和学习频率较低的学生，教师要及时提醒和监督。对于测试题错误率较高的知识点，教师要在课堂上重点讲解。对于学生在讨论区讨论的问题，教师要及时解答。对于作业没有及时完成、测试成绩不佳的学生，教师要主动帮助，及时了解学生的情况并进行个性化指导。

三、大数据下教育应用环境变革

教育数据应用服务是将教育数据分析的结果用于改善不同的教育业务，最终服务教育的整体改革与发展。当前教育数据应用服务主要聚焦在精准教学、科学管理、全面而有个性的发展评价、个性化服务以及基于全样本的科学研究等五个方面，服务对象主要包括教师、学生、家长、教育管理者和社会公众五类用户。通过对教育大数据的分析，可以辅助教师更好地调整和改进教学策略，重构教学计划，完善课程的设计与开发；向学生推荐个性化的学习资源、学习任务、学习活动和学习路径；帮助家长更加全面、真实地认识孩子，与学校一起促进孩子的个性化成长；帮助教育管理者制订更科学的管理决策；帮助社会公众把握教育的发展现状，享受更具针对性、更适合自己的终身学习服务。

以某学习软件为例，应用大数据技术全程实时分析学生个体和班集体的学习进度、学情反馈和阶段性成果，及时找到问题所在并对症下药，实现对学习过程和结果的动态管理。

大数据分析系统以学生为中心，按照教、学、测三个环节组织线上学习内容与学习过程，将学生、教师、家长和机构四类用户群有机整合在学习管理系统（LMS）中，各司其职，相互作用，形成了个性化的课堂教学、家庭辅导和自主学习管理环境。

（一）建立学习者模型

实现个性化学习的关键是发现学习者在学习中的个体差异，并提供适应个体需要的学习。发现学习者的个体差异，在计算机辅助教学中就是要建立学习者的学习模型，并在此基础上建立相应的教学模型。在网络教学中，可以通过网络交互技术记录学习者的学习信息，并将收集到的学习信息作为学习者的个人学习档案保存下来，从而作为为学习者提供学习帮助和学习策略的依据。

（二）智能化控制学习过程

著名的教育家、教学论专家巴班斯基曾经提出"教学过程最优化论"。所谓教学过程的最优化，就是要求将社会的具体要求与师生的具体情况和所处的教学环境、条件以及正确的教学原则几方面结合起来，从而选择和制订最佳工作方案（即教案），并在实际中坚决而灵活地施行之，最终达到最佳的教学效果。在网络教学中，学习者的学习大多是独自完成的，但学习者不能完全自我控制学习过程，而且由于学习者与教师不是面对面的，通过电子邮件进行交流是有限的，教师对学习者的学习过程的情况也不太了解，想要通过教师来完成学习过程的控制是不可能的。因此，通过完善网络教学系统的教学管理功能，让系统自动来完成对学习者学习过程的监控是切实可行的方法。

学习者是通过与计算机和网络的交互来学习的，学习者学习过程中的大多数信息都可以通过一定的技术将其记录下来，这些记录下来的信息教学系统可自动进行分析，根据分析的结果教学系统可将相应的学习情况即时反馈给学习者，让学习者了解自己在学习过程中的问题，调整下一步的学习，从而有效地控制学习过程。另外，这些信息也可作为参考信息提供给辅导教师，让教师有了因材施教的依据。

（三）完善的学习评价与反馈

学习的目的在于促进学习者的各种能力的提高。不同的学习者对学习目标的完成情况不同，通过学习提高的能力也不同，因此，应该给予学习者个性化的学习评价和学习策略建议。另外，学习评价不只是发生在一个学期末或一个学年末，在学习过程中，学习评价是应该经常有的。

目前，对学习者的能力评价基本还是通过对学习成绩的评估来进行的。在我国传统的教学中，对学习的评估主要通过作业和考试来进行，这种评估方式的缺点是缺少个性化的评价和反馈慢。

网络提供的教学是个性化的教学，利用网络技术可以自动记录学习者的学习信息，学习者可以随时通过网络进行学习测试，系统可以即时评卷，即时将测试结果反馈给学习者。

（四）个性化的学习指导

由于每个学习者在知识水平、认知能力、学习风格、学习动机方面都是有差异的，因此在学习过程中所采取的学习策略也是不同的，而学习者由于自我控制学习的能力还不够，对于采取何种学习策略的认识不是很明确，因此需要得到如何选择学习策略的指导帮助。只有采取与个人学习相适应的学习策略，才能获得有效的学习，从而实现个性化学习。

（五）个别学习与协作学习的结合

因材施教、个性化学习是建立在个别学习基础上的，但个别学习并不是一种孤立的学习。在学习中除了需要有个别学习的环境，还需要有一个协作学习的环境。网络快捷方便的通信功能为基于网络的协作学习提供了极好的技术支持，并提供了多种交流方式：实时视频交互、学习群讨论、Netmeeting实时讨论、共享白板等。随着网络技术的发展，将会有更多的网上学习交流方式来促进网上协作学习的进行。

第四节　大数据技术下教育模式的变革

一、大数据技术下学生学习方式的变革

（一）大数据技术下大学生学习方式的特征与问题

1.大数据技术下大学生学习方式的特征呈现

从对大学生学习方式调查的数据中可以发现，大学生群体的学习方式呈现出比较鲜明的特色，而这些特征主要表现在学习工具、学习过程、学习体验与学习时空四个方面。

（1）学习工具

学习工具广义上是一个泛指概念，主要是学习者在学习过程中使用的能完成学习任务的事物总称。因此，综合先前已有的分析，无论是学习途径、交流方式、学习环境的现状，还是学习资源、学习媒介的使用现状，其实都是学习工具的体现。离身学习是知识符号被印刷到课本教材上，再由教师将其呈现于学习者的被动学习过程。学习者充当的角色主要是学习教师所要呈现的知识，其中学习工具是没有感情的各种符号以及"灌输"。具身学习则是学习者对于学习工具的主动操控，这里的学习工具能支撑学习者思考。因此，它的作用不再仅被局限于传递，更为重要的是学习者自发运用和控制并与学习工具成了一种学伴关系。换言之，这是一种生态非物化的人机关系，学习者能够有效利用学习工具解决自身问题，满足学习需求。在具身学习中，学习工具扮演的角色就是支持学习者的角色，帮助学习者查询、沟通并处理信息。

（2）学习过程：多感官情境感知

在具身学习的过程中，情境的创设是必要的环节之一，因为情境在其中扮演着生长

点的角色，与学习过程中问题的设计紧密相关。也就是说，在经历了传统课堂对生命活动的抽象与隔离之后，借助于大数据的兴起，创设真实的契合度高的情境成为现实。通过学习者与情境的交互，便能实现大数据时代下的"做中学"。当然，其中除了视觉与听觉这样的基本感官，还需要融入嗅觉、味觉、动觉等其他感官形成的情境感知。与此同时，从学习过程的情境感知及体验现状的问卷调查结果中能进一步得知，在大数据时代，很多大学生认为，当前的学习过程能让他们置身于情境当中，且这种方式有利于他们的学习。

（3）学习体验：涉身"流"式感受

"流"又被称为"心流"，来自心理学界，由美国心理学家米哈里·奇克森特米哈伊提出，表示个体投入所进行活动中的整体感。当学习者处于心流体验时，由于对学习活动的投入，便会产生时光的转瞬即逝和对整个学习过程了然于胸的掌控感。之所以会产生这种体验，是因为具身学习不仅强调学习者主体思维与环境的交互，更为重要的是学习者的身体和环境的交互。换言之，也就是学习具有涉身性，即学习者的身体参与度较高。近70%的大学生认为，自己总能亲身参与学习并对习得的知识能留下深刻印象。因此，可以说学习的涉身性得到了充分的印证。综上，涉身"流"的学习体验是一种让学习活动扩展至学习者生活的三维立体空间，以更加适应学习者习惯的交互，从而使学习者浸润于具体的学习情境中，而逐渐进入状态的全新学习体验。

（4）学习时空：泛在交互

"泛在"的含义是无处不在，也是大数据时代兴起的对学习更为泛化的认识，即生活＝学习。因为生活如同大杂烩，所以学习必然包罗万象；因为生活无边无际，所以学习随时随地。具身学习就是在数据网络支持下的一种泛在性与广延性的学习。其中，学习者可以结合自己的多感官来感知具体场景，并有效使用手边的数字化媒介，主动获取有用信息和资源完成学习活动。此外，由于互联网等信息技术的广泛渗透，学习者纷纷开始建构各种虚拟的学习共同体进行沟通与交流。

2.大数据技术下大学生学习方式存在的问题

大数据在给大学生学习方式带来机遇的同时，也对大学生群体的学习方式产生一定的消极影响。借助问卷调查结果的分析以及部分大学生给出的开放性问题回答，可以总结出大数据时代下大学生学习方式的问题主要集中在学习过程、学习行为、教师引导以及学习环境四个方面

（1）低效的资源利用

大数据让数据资源的更新换代更为频繁。一方面，保障了资源的时效性，有利于学

习者紧跟时代的发展；另一方面，新信息的涌现速度远远超过了学习者的学习速度，从而让学习者失去了对信息的掌控，产生一种不安全感。具身学习是学习者运用信息资源而产生有效学习的一种方式，而现在可以说，学习者已经被这些无穷无尽的信息所主宰，学习低效感油然而生，这种低效感主要体现在对学习资源的运用和对学习媒介的使用中。

（2）停留表层的学习

大数据为学习者获取想要的资源提供了便捷。随着技术的不断完善，学习者不用记忆，大数据就会帮助归类，根据其搜索的关键词推送关联度很高的学习内容。这种便捷往往成为进入深度学习状态的"绊脚石"。无论是在思维还是能力方面，学习者都容易停留在学习表层，久而久之就会形成浅尝辄止的学习习惯。学习是经由表层学习至深层学习的一个综合发展过程，其中，最原始的表层学习主要包括简单记忆与理解，而深层学习主要是对知识的综合、分析和运用。

（3）欠缺的教师引导

教师是学习的助推器，相对于离身学习中教师对课堂的主宰而言，具身学习体现的是学习者的主体性，这就对教师提出了新的要求。一方面，需要教师能跟上信息化时代的步伐，改革自身的教育教学方式，熟练运用信息化工具来促进教学。另一方面，教师应化身学生学习的学伴，将学习的主动权归还给学生。根据调查结果，在学习者实际学习活动中，教师的指导现状不尽如人意。教师指导的缺乏会使原本应该给学习者带来积极影响的具身学习造成学习无力感。

（4）不利的学习环境

环境是保障具身学习得以顺利开展的关键外因。然而在实际调查中，学习环境呈现出不利学习者学习的状态。当然，需要说明的是，本书所指的学习环境包含两方面：一是宏观数据环境，二是微观校园环境。

由此可见，学习空间的相对缺乏与校园网的不稳定成为微观校园学习环境中备受大学生群体关注的问题。

（二）大数据技术下大学生学习方式的优化

为使大数据能真正造福学习者，改善其学习方式存在的诸多问题，本书旨在针对大数据时代大学生学习方式的问题与归因，提出相应的优化路径。就归因源头而言，从学习者自身入手，提升学习者的数据素养；就教师角色而言，整改部分教师队伍，着力养成教师的数据思维；就宏观环境方面而言，净化当前冗杂的数据环境，创设绿色的数据环境；就微观环境而言，加快对校园数字化的改进，建构智慧校园。通过各方形成合力，协同规划大数据时代大学生学习方式的优化路径（图3-2）。

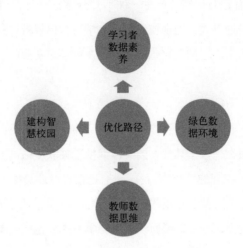

图3-2　大学生学习方式的优化路径

1.提升学生的数据素养

数据对于学习者而言，是其学习持续改进的动力之源。所谓数据素养，是指在海量数据中能敏锐地定位数据，进而对其进行分析和解读，并在此基础上有效运用，从而实现超越数据自身诠释数据的意义。在大数据时代，学习者数据素养的提升与其学习力的提升具有高度的相关性，而学习力又是影响学习者学习方式变革的重要因素之一。由此，学习者数据素养的提升对其学习方式的变革有间接的意义。

若想改变这种现状，应从以下两个方面入手。

首先，开设数据素养教育相关课程，明确素养的重要性。只有先向学习者普及数据素养含义，并告知其重要性，学习者才会引起重视，在学习过程中才能有意识地去提升相关能力，不至于出现被动盲目地利用数据或者在学习过程中出现目标不明确的现象。

其次，开展丰富多彩的创新性实践活动，培养数据能力。课外活动作为教育教学的一大补充形式，其地位是无法撼动的。随着"双创"之风席卷各大高等院校，学校在通过常规的课程对学习者进行教育的同时，也逐渐开始鼓励学习者参与各种创新性活动，并以此提升学习者的综合实践能力。创新性活动一般是学习者自己组建团队，围绕某个固定主题，在教师的帮助下，通过收集、分析和处理数据进而解决相关问题，最终内化知识、完成体系建构的过程。所以，在这个过程中，学习者能够通过相互帮助锻炼自身收集、整理与运用数据的能力。与此同时，教师无论是在硬件设施、专业问题或是数据处理上，都可以在一定程度上给学习者提供专业性的建议。概括而言，创新性实践活动也是学习者提升数据素养的一种方式。

2.创设绿色的数据环境

当前，大数据发展方兴未艾，而发展中的事物，往往包含着更加明显的矛盾对立面。所以，大数据环境在给学习者带来诸多便利的同时，也呈现出欺骗、隐患和不规范等特征，导致各类数据危险事件频发，一定程度上对大学生学习方式的变革产生极为不利的影响，因此，绿色的数据环境亟待被创设。所谓绿色数据环境，主要是指信息安全、健康与规范三位一体的数据环境。绿色代表可持续发展，象征着创新与人文价值。

3.培养教师的数据思维

高校教师是教育教学中的重要执行者之一，其地位无法被取代。然而，从目前的情况来看，高校教师并不能完全适应大数据给教育教学带来的诸多变化，教师的数据思维亟待培养。所谓数据思维，其实质是一种意识，具有敏锐性、前瞻性、多样性和个性化等特点。由于思维方式对行为能产生直接影响，所以教师只有养成数据思维，才能更好地适应大数据时代下的教育教学，从而促进大学生学习方式的变革。

4.加快智慧校园的建构

学校作为教育的专门场所，其诞生更是标志着教育制度化的形成，因此，建构智慧校园已成为大数据时代下教育改革的重要组成部分之一。微观校园环境对学习者的学习具有不可替代的直接影响，而智慧校园建设的核心意义就在于促进学习者学习方式的变革。所谓智慧校园，是指通过物联网大数据技术的全面环境感知，为学习者提供个性化技术支持服务和无缝网络通信，促进学习者有效学习的开放教育环境和舒适生活环境的校园。

二、大数据技术下教育管理模式的变革

（一）大数据技术对高校教育管理的影响

1.大数据技术对高校教育管理的积极影响

大数据为高校数据采集、治理模式、教学模式、考核评估、资源调控、智慧学工、智慧科研及智慧管理等方面带来革命性的力量。

（1）数据采集：关注过程、关注微观

局限于技术、人力和物力，传统高校数据采集主要以管理类、结构化和结果性的数据为重点，关注教育整体发展情况，这种反馈机制在一定程度上对于高校教育决策、规章制度的制订起到了积极的作用。但是，对于学生、教师、科研的实时掌握还远远不够，对于不好的结果也不能提前预测和预防，大多是事后补救，从而使高校教育管理

处于被动局面。随着大数据技术强力渗透到各行各业，高校教育数据的采集面临着新的变革。互联网、物联网和大数据技术支撑下的高校智慧校园，不仅在采集数据的数量上超过传统高校，而且在数据的质量及数据的价值方面都具有传统高校数据所不可比拟的优势。高校教育管理大数据具有非结构化、动态化、过程化及微观化的特点，处理程序更加复杂、深入和多元化。学生的学、教师的教，一切活动都有据可查。数据流源源不断，在数据分析师的头脑中加工，产生源源不断的智慧流，从而促进高校教育管理更加科学化、人性化。然而，由于高校教育管理对象及活动的复杂性，加上缺乏商业领域标准化业务流程，从而导致高校教育管理大数据的采集活动呈现复杂性的特点。在高校教育管理大数据的分析中，要特别强调因果关系，虽然国际大数据专家舍恩伯格认为更应重视相关关系，但是教育是以培养人为根本目标，它不同于商业数据无须追根溯源，教育大数据不仅要"知其然"，更要知其"所以然"。通过技术分析和处理，挖掘高校教育管理大数据所体现的规律及揭示问题背后的根本原因，最终寻找破解之道和应对良策，从而更好地提升高校教与学的活动效果。

（2）治理模式：民主治理、集思广益

大数据时代，高校决策模式、治理模式都将面临转型。传统高校治理属于"精英治理"，受限于校园信息化程度和智能化程度，学校各项事业发展方案、措施、策略等不能广泛传达至师生，民主意识较强的管理者顶多召开一个小范围的研讨会，或者以开会的形式传达，而这种正式会议过于严肃和拘谨，缺乏自由、轻松的氛围，不利于异质声音的表达，也就意味着不能将群众的真正声音传递到决策者耳中。而在以互联网、物联网、云计算、大数据及移动终端为技术支撑的智慧校园中，可以实现高校由"管理"向"治理"的转变，更好地实现治理的民主化、科学化。高校管理者与师生不受时空限制的互动交流，至少有四点优势：一是收集有利于学校发展、各项业务完善的群众智慧；二是传达学校发展战略、思路，形成上下合力；三是拉近干群距离，将各种矛盾化解在萌芽状态；四是决策处处留痕，实现阳光政务，防止权力"任性"，促进决策的规范化、科学化。

（3）教学模式：及时反馈、因材施教

利用大数据技术开展翻转课堂教学改革或在线教育是当前高校教育管理变革的重要内容。高校学生数量庞大，是运用信息技术的主要群体，也是高校教育管理大数据的重要生产者和使用者。可以根据学习平台上不同学生对各个知识点的不同用时、不同反应，来确定要重点强调的知识和决定不同的讲述方式。大数据教学有两大优势：一是私人定制，二是大规模个性定制。私人定制即借助适应性学习软件，通过相关算法分析个人需求，为每一名学生创建"个人播放列表"，且这种学习的内容是动态的。通过大数据分析，对提高学生个体学业成绩需要实施的行为做出预测，决定如何选择教材、采取什么样的教学风格和反馈机制等。大规模个性定制指根据学生差异对大规模学生进行分组，通过相同测验，有更多相似性的学生会被分在一组，相同组别的学生也会使用相同的教材。大规模个性定制教育的成本并不比批量教育成本高出许多。其实，即使是很低的结业率，通过的总人数还是凭借传统的教学手段所无法企及的。

（4）考核评估：动态评估、全面多维

大数据促进高校教育管理评估从注重经验向注重数据转变，从注重模糊宏观向注重精准微观转变，从注重结果向注重过程转变。高校教学活动是大数据评估最常用的领域，从广义上理解，高校大数据应是人类学、社会学、社会关系学背景下的大数据。高校内部大数据系统一定要与外部社会大数据系统建立起融合关系或者链接关系，这样才可能从知识、情感、能力、道德等角度全方位、多维度地了解学生，制订人性化发展方案，有效避免以应试为中心，而更好地实现以素质为中心的教育宗旨，才能更好地培养符合社会需求的高水平专门人才。首先，高校利用大数据技术，对人才培养、产业发展及社会信息等数据的采集要提前布局，要有连续的数据对其支撑，每个地区的生源情况、就业情况，要有长期连续的动态数据，才能从中预测经济发展、社会人才需求、高等教育未来发展趋势等，及时调整学校发展战略，促进人才培养模式改革。其次，大数据技术可以实现考核评估的革命性改变，高校教育管理者利用回归分析、关联规则挖掘等方法帮助教师对学生学习状况、思想状况、社交状况等进行全方位的掌握，关注学生成长的过程，实现评价的全方位和立体化，从而优化教育管理策略，提高教育管理效果。哈佛大学研发的学习分析系统，是一种基于云计算的学习分析系统，包括数据采集、数据存储、数据分析和数据呈现几个模块，能将学生进行学习的相关数据分析后可视化，并实时呈现到教师的设备屏幕上，便于教师对课堂教学的及时调控。最后，利用大数据技术可以建立起教师科研、教学的预警机制，对于教学质量监控、科研趋势等设置报警区域，达到设定的阈值时系统会自动报警，提醒管理人员重点关注一些教师。基于大数据技术，创新高校教育教学评估体系，使之更加多元化、智能化、个性化，实现由传统基于分数的评价向基于大数据的评价转变，由传统的结果评价向过程评价转变。

（5）资源调控：优化组合、注重效能

推进高校资源大数据平台建设，有利于对有限的教育教学、实验室、寝室等资源进行重组、分配和优化，从而使教育资源具有新的结构，产生新的功能，提高资源效能。在实践中，有很多高校投入巨资建设的实验室利用率并不高，而有的实验室却人满为患，学生急于寻找实验室但限于信息缺乏或者人为设置的障碍而无法获得资源。与此情况相似的是，教室、图书馆的阅览室也存在这样的"两极"现象，有的空荡无人，有的却排队占位甚至产生矛盾争执。高校资源大数据平台可以很好地解决这个问题。首先，大数据中心的建设要从理念上打破所有教育教学、实验图书等硬件资源的固定归属，从学校整体层面进行调控。其次，依托物联网、通信、信息、控制、大数据、云计算技术对资源、能源进行科学调配和利用，从而实现管理的模糊化向清晰化、经验化向科学化转变。最后，通过大数据平台实现学生对学习、生活资源的方便、快捷获取。

（6）智慧学工：柔性管理、注重权变

大数据促进智慧学生工作，是大势所趋。第一，高等教育转型和高等教育大众化发展，对高校学生工作管理人员提出更多的挑战。高等教育大众化的结果使高校学生规模逐年增加，专职学生管理人员的增比远远不及学生规模的增比，学生工作的繁杂性和艰巨性大大增加。第二，在信息技术浪潮的冲击下，学生工作管理者的传统话语权正在被削弱，唯有顺应时代潮流，利用信息技术、大数据技术等优势，才能增强话语优势和管理服务效果。第三，高校转型发展对学生工作提出更高的要求，高校教育管理目前正面临着"由粗放管理向精细管理"的转变，传统高校学生管理存在刚性有余、柔性不足的缺点，现代教育管理的发展趋势是进行柔性管理。柔性管理要求以学生为本，关注激发学生发展的内在驱动力、动力持久性。在小数据年代，高校欲实现柔性管理显得心有余而力不足，不能随时随地掌握学生的学习、科研、生活、社交等信息，且往往历经千辛万苦得到的数据，最后因失去时效而显得没有意义，导致"赔了夫人又折兵"。建立学生工作综合信息管理和决策平台，能够及时、全面获取学生工作大数据，能够快速发现问题，及时调整策略，主动实施有效措施，从而使工作更有弹性、彰显柔性。利用大数据技术，可多维度、全方位地分析学生的学业情况，动态评估学生消费，预测学生毕业去向，引导个性化、针对性就业。

（7）智慧科研：博采众长、继承超越

高校科研大数据系统包括科研文献库和科研综合信息管理与决策平台两个部分。

首先，科研文献库大数据是高校科研的重要参考资源。科学的发展离不开交流和讨论，因为科研中存在错误和局限。科研文献库的建立是高校科研人员文献研究的基础，有利于高校教师对已有科研成果的继承和超越，更加体现了"现代科研成果是站在巨人肩上的结果"。一般而言，高校科研文献库越丰富，对科学研究的影响越显著。高校科研文献库的建设形式有两种：购买文献资源和自建文献资源。购买文献资源包括从知网、万方、维普、超星、读秀等科研数据库中购买的论文、著作、文集等资源；自建文献资源包括高校特色数据库，如中国水利工程数据库、大学名师库、测绘文摘数据库、校本硕博论文库、专题数据库、特色数据库等。这些资源对于学校师生的科研工作和学习提升具有重要的借鉴和启发作用。

其次，大数据使高校科研活动具有智慧性。高校教师可利用智慧检索软件，对文献信息资源进行学科分析与科研选题，或者跟踪科研进展与定制个性化服务，从而提高研究效率。

再次，大数据可以提高科研效益。通过大数据技术使高校科研从传统的寻找因果关系转向寻找相关关系，从而减少研究资源的浪费，节约研究的时间，提高研究的效率和成果的可靠性。科学研究就是寻找大自然现象原因的工作，大数据技术使之更容易接近规律，且节约成本，包括经济成本、人力成本和时间成本。高校是科研的重要阵地，高校的科学研究也需要借助大数据技术进行数据驱动的决策。

最后，科研管理综合信息与决策平台有利于提高科研管理的科学性和效率性。利用内部、外部信息，进行科研数据的分析，可以消除或减少重复立项、经费安排不合理、项目负责人不胜任等问题，从而促进公平竞争与科研资源的优化配置，提高科研资源使用效益。建立科研大数据平台，包括从外部主管部门科研系统中获得的科研项目的数量、类别与要求，从内部科研数据库中得到的人员、设备、经费、研究经历与研究条件等信息，从 Web 上获得的论文和专利的数量与质量等信息，从项目成果报表上得到的成果转让和奖励等信息。通过建立科研管理综合信息与决策平台，将各类信息进行整合，对研究课题的科学性、创新性和外部文献库进行综合分析，对申请者所涉及的各项因素综合分析，将不合理的因素排列在立项之前，最终为科研项目评估专家提供决策支持。

2.大数据技术对高校教育管理的挑战

大数据在给高校教育管理带来机遇的同时，也带来了挑战。

（1）隐私与自由平衡问题

隐私与自由的平衡问题似乎是一个悖论。隐私意味着不能绝对自由，自由意味着要牺牲一定程度的封闭和隐私，如何保持二者之间必要的张力，是一个考验高校管理者智慧的难题。

（2）数据霸权问题

大数据可以通过概率预测优化学习内容、学习时间和学习方式，预测大学生职业生涯。但是，按照大数据预测进行的教育分组、教育定制真正符合人才发展规律和符合公平公正原则吗？按照大数据预测的未来职业、专业兴趣，真正符合学生的现实需求，满足人的挑战自我、超越自我的精神追求吗？教育的根本宗旨是因材施教、因人而异，大数据背后探索的规律，看似是"规律"，其实并不是"规律"。在教育中有很多现象大数据无法预测，如人类的智慧、独创性、创造力造就的理念等。心理学上有一种现象叫"罗森塔尔"效应，表示心理暗示对个人发展的重要影响，是对客观现实的一种逆转和超越。需要对人类的非理性、对定量与定性分析的反抗保留一份特别的空间。按成绩分组，限制学生超越发展的诉求，可能会导致教育由一片广阔的天空转变为预定义的、拘泥于过去的狭窄区域，社会倒退为一种近似种姓制度的新形式——精英与高科技封建主义的古怪联姻。"电子书包"让学生身负着他们整个教育生涯中的电子成绩单，适应性学习可能导致对能力较弱学生的打击，无法遗忘的过去成为学生的诅咒而不是福气，历史的小瑕疵成为学生求职的致命打击。全面教育数据带来的重大威胁，并不是信息发布不当，而是束缚人们的过去，否定人们的进步、成长和改变的能力。放弃数据的收集和使用，将阻碍大数据对教育带来的诸多益处；而陷入数据崇拜，又将受制于数据，失去自由。人们需要在对优化学习的渴望和对过去决定未来的拒绝之间做出微妙的权衡，虽然一切过去皆为序曲，但不要让过去完全决定未来，仍应满怀热情地迎接下一个日出。在这个对新生技术畏惧、疑虑的时代，数据将越来越难收集，甚至最糟糕的可能是被收集者还会因怕"数据欺凌"而采取"玩弄数据系统"的"自我保护"，这样建立在不真实数据基础上的决策将会更可怕。

（3）数据垃圾处理问题

大数据不全是"金矿"，也有数据垃圾，人类必须具有解决大数据垃圾问题的力量，否则将产生严重的后果。大数据时代，巨大的信息和碎片化的数据充斥着整个网络世界。随着智慧校园、泛在学习的推进，高校教育大数据将指数级激增，这将会给高校的机房和数据中心带来数据存储及数据处理上的负担和压力。目前，对于高校数据垃圾的处理技术、处理原则、处理经费、数据人才等方面都存在问题，特别是在大数据的价值挖掘没有充分利用的情况下，对于垃圾处理的支出显然大于得到，数据"金矿"至少目前并没有体现，反而呈现"得不偿失"的倒挂局面。当然，尽管对高校教育管理大数据垃圾进行过滤和清洗的任务艰巨，但是不能因噎废食，而放弃对数据中心的建设和利用。

（4）数据标准问题

大数据的价值在于数据的共享，标准化是各类相对独立的、分散无序的数据资源通过融合、重组及聚合等方式形成一个较大的、有序的、可读的与高效的整体，使人们可以快速使用，这需要建立完善的数据标准体系。数据标准化是数据整合、共享、挖掘的前提和基础，是数据金矿实现的必要条件，而数据标准是数据标准化的依据和标尺。目前，国内外大数据标准化工作尚处于起步阶段，还未形成一套公认的、完整的大数据标准体系，绝大多数的大数据标准化工作尚处于标准的需求分析和研究探讨阶段。大数据标准体系主要包括大数据通用技术标准、大数据产品标准、大数据行业应用标准、大数据安全标准。为了适应国际国内教育信息化发展的要求，CELTSC（教育部教育信息化技术标准委员会）根据国家要求和市场需求，新成立了在线课程类、智慧校园类、教育类等6个新的工作组（研究组），并已经针对慕课（MOOCs）、智慧教育、教育大数据分析等领域开展国家标准和行业标准的研制。高校大数据同样需要标准化处理，尽量减少混乱无序的数据、信息、资源，这样才可消除"信息孤岛"现象，增强教育数据的可用性、通用性和互操作性，从而促进数据整体价值的提升。

（5）数据质量问题

"数据质量"主要指数据资源满足用户具体应用的程度。数据质量主要从完整性、规范性、一致性、准确性、唯一性、关联性几个角度综合评估，度量哪些数据丢失了或者不可用，哪些数据未按统一格式存储，哪些数据的值在信息含义上是冲突的，哪些数据是不正确的或超期的，哪些数据是重复的，哪些关联的数据缺失或未建立索引。数据质量是依据数据科学决策的保障，质量低下的数据决策比没有数据的"拍脑袋"决策更可怕。高校大数据的质量必须从源头抓起，从何而来、是否准确、以谁为准这些问题都需要解决。职能存在交叉关系的不同部门产生的数据如果存在不一致，哪个更有权威？在时间纵轴上，同一性质和类别的新旧数据之间存在不一致，如何认定哪个更可靠？如果数据的一致性得不到解决，那么数据的质量没有保障，数据的共享也没有意义。因此，高校在进行大数据收集的过程中，必须要有详细的计划和科学的数据标准化方案，不能一网打尽、良莠不分。高校数据存在着多源头、不一致、异构、缺失、不准确、重复等问题，其中，未制定统一数据标准，数据中心建设缺乏全校范围的宏观整体规划，国内教育行业软件成熟度不高，系统技术架构不一致，业务人员对数据质量重视不够，数据维护不及时、不准确及不完整等是影响数据质量的重要因素。

（6）数据安全问题

单独的数据似乎看不出什么价值，但是数据一旦发生关联，便会产生"1+1>2"的效果。大数据背后的秘密一旦被泄露，将会对高校信息安全、学生隐私安全产生巨大的威胁。特别是很多师生学习、生活及工作数据也在网上，互联网和云服务能够实现对人从摇篮到坟墓的全部跟踪记录，这些在网上的教育行为记录一旦被整合，就会对个人隐私造成极大的侵害。

因此，各级政府、教育主管部门及高校都必须高度重视数据安全问题，有关高校教育管理数据安全法律法规的制订也显得非常必要且紧迫。

（7）数据存储期限问题

高校教育数据存储从技术上来讲可以无限期，但是从伦理道德的角度和管理成本的角度来讲，应有一个期限。设立一个期限，可以克服无法遗忘的过去对学生一生学习、工作和生活的阴影笼罩，还可以促进相关数据专家在有限的时间内进行数据的挖掘和分析利用。但是数据存储期限的设定受多种因素影响，一是对于数据价值大小的界定，二是对于数据分析难易度的限制。首先，有关高校教育管理大数据价值大小认定的问题。价值是客体的某种属性相对于主体需要的满足程度，主体对客体属性的需要越强烈，客体的价值越大，因此，价值是一个主观概念，具有相对性和可变性。高校教育管理大数据的价值认定究竟应以学校还是以学生为基点？究竟是以现在还是以未来为视角？这些问题都没有确定的、权威的答案。数据价值如何界定，这是一个难题。其次，数据分析难易度也是变化的。究竟高校教育管理大数据要存储多久更合理呢？目前，我国教育部教育综合信息平台上的学生和教师的基本数据是终身的，因其收集的是基本信息，其"数据终身携带制"也是无可厚非的。但是，对于高校而言，除了学生基本信息之外的特殊数据、临时数据等明显不具有终身制的必要性和合理性。

（8）数据人才匮乏问题

高校教育管理数据人才将成为连接大数据与教育应用的桥梁，他们要解决的是如何实现教育管理大数据的价值问题。高校教育管理数据人才是一个跨学科的数据人才团队，由多种角色人员组成，包括数据科学家、程序员、统计人员、业务人员等。虽然市场对高校教育管理数据人才的需求日益增多，但是目前的人才培养体制机制尚不健全，能够提供的人才数量远不能满足现实需求。高校教育管理方面的数据人才更是严重缺乏，对于使用大数据的高校教师、研究者和管理者来说，他们驾驭数据的资质和能力则是不容乐观的。对于高校教师和管理者来讲，首先自己应成为"数据脱盲者"，会使用大数据技术，会读懂大数据语言，才能利用大数据技术改进教育管理。同时，学校也需要大量懂得如何在建立数据系统以分享数据的同时又能保护隐私的数据技术人才。

（9）制度与组织空白问题

大数据技术对我国高校教学的影响尤著，MOOCs是大数据时代传统教学面临的最大机遇和挑战，因此MOOCs组织制度的建立是高校工作中的重中之重。其作为一种新型教学模式，是对传统实体大学的有益补充，也是对视频公开课缺乏互动的弥补，对于促进教育公平、促进教育质量有着重要的意义。其具有诸多优势：一是开放性，MOOCs平台基于互联网，面向全体社会成员开放；二是平等性，课程资源及组织方面，人人都平等地享有参与权；三是规模性，网络课程学习者不同于传统学校，一般都是成千上万；四是灵活性，MOOCs的内容更贴近学习者的生活和需求，更注重综合性、普适性、生成性，更注重互动，其视频精美、短小精悍，向微课靠拢，评价方式多元，引入同伴互评。网络教育和网络学习是大势所趋，但是却存在种种缺陷与不足。一是MOOCs制作成本高。缺少成熟的盈利模式，或者说在成长初期缺乏盈利的保障。开放性是其大规模的保障，但是开放性却是其无法盈利的重要因素，开放性和盈利性是一对悖论。二是内容更新快等诸多矛盾。预订的课程内容与网络时代知识更新快之间存在矛盾，结构化的课程体系与网络时代知识碎片化、学习碎片化、时间碎片化之间存在矛盾，MOOCs前期高标准高投入制作模式，显然令后续的修改与完善不太方便，从而使内容过几年便陈旧，不再适合继续开课。三是学习证书的效力问题。网上平台颁发的学习证书与实体学校颁发的证书效力具有差异性，是当前制约MOOCs发展的重要因素。学生人数多，使得师生互动交流变得困难，学习过程的监管与考试监管难以真正落实。受经费所限，指导MOOCs学习者的助教数量也很有限，只能靠学习者互评，而这种良莠不齐的互评也很难作为正式认证的基础，虽然国外也在尝试通过打字习惯和视频来判断是否代考，但技术都不成熟，社会信誉不高，学习成绩与证书的社会认可度不高。

（二）大数据技术下高校教育管理存在的问题

目前，我国高校教育管理正处于从信息化向智慧化演进的过程中，虽然我国高校教育管理大数据平台建设取得了一定的成效，但也存在一些问题，必须予以高度重视，如高校的信息化建设参差不齐，高校管理层对大数据、云计算技术认识不足、重视不够等。在数据化浪潮中，谁能及时把握先机，谁便能占领竞争高地。我国各高校要在顶层设计、体制机制、技术研发和推广探索等方面进一步加大力度，要坚持"以人为本"的理念和"绿色科技"的原则推进数据资源的共建、共享和共用，从而使大数据技术真正成为促进学生全面发展、教育管理智慧化和学校内涵建设的利器。目前，高校大数据教育管理发展存在以下问题。

1.缺乏系统规划

虽然高校建立了OA系统、一卡通、教务管理系统、学生管理系统等，但各个系统兼容性不强。在线开放课程建设方面，一些高校没有很好地规划，优势特色不明显，成果成效不突出。因此，高校要加强大数据教育管理发展的统一规划，在高校教育管理系统建设中，引入数据流和业务流（工作流）理念，构建基于数据流的工作流信息系统开发模式，使数据在各个管理部门之间畅通流转。

2.缺乏资金保障

由于运行与维护成本高，资金不足已经成为我国高校大数据教育管理发展的重要制约因素。学校受经费限制，基本采取自维护的方式，这既解决了部分资金不足问题，又培养了信息化人才。通过以网养网，保障运行经费，但也带来了一些负面影响，如内容缺乏统一性，运营费用重复等。有些高校已经尝试流量区分，对正常的教学科研活动实施免费，以消除负作用。这种积极尝试，是一个良好的开端。当然，开放办学，大规模优质有偿MOOCs应该也是高校增收的另一途径，这一切要求高校必须要有长远的眼光和战略的思维。当前，在我国高校大数据教育管理发展初期，有效的融资机制尚未形成，政府应担当起重要职能，加强对教育发展的宏观调控，加大对高校大数据教育管理建设的资金投入。高校也可探索社会BOT融资模式、PPP融资模式，将大数据教育管理中某些建设的资金和经营压力与社会力量分担，诸如网络、服务器、云平台及智慧宿舍等一些硬件建设项目，吸引社会企业、非营利机构或营利机构进入共建，到项目特许期或专营期满后，所有权和经营权转移给高校。

3.缺乏法规体系

大数据平台建设及服务将成为未来高校发展的重要课题，那么随之而来的薄弱环节是维护问题，而不是建设问题。由于错综复杂的人群及数据应用，高校大数据平台的安全与管理问题日益突出，这给高校带来了巨大的挑战。安全问题也是大数据技术发展的最大障碍，建立安全管理体系是建设智慧校园的重要保障。各类安全技术和防护手段，诸如加密、身份验证、访问控制等，涉及三个方面的内容：实体安全、运行安全和信息安全。实体安全包括环境安全、设备安全等方面；运行安全包括风险估计、备份和恢复等方面；信息安全包括操作系统安全、数据库安全和网络安全等方面。我国大数据法制建设明显滞后，目前，规范网络技术和保护个人隐私的相关法律法规有《政府信息公开条例》《计算机信息网络国际联网安全保护管理办法》《互联网电子公告服务管理规定》《个人信用信息基础数据库管理暂行办法》《全国人民代表大会常务委员会关于维护互联网安全的决定》《个人信息保护法》等，但这些法律法规已满足不了实践的需求，高校出现的诸多信息失范现象亟须统一规范。

4.缺乏专业支撑

市场巨大、人才缺乏分别是我国大数据发展面临的最大优势和最大劣势。目前大数据产业炙手可热，无论是国内还是国外，学术界与企业界之间的人才竞争都非常激烈。并且，我国目前还没有建立有利于大数据人才脱颖而出的培养机制。高校数据中心建设需要一支技术过硬、分工明确、精干高效，且能够处理应急事件的复合应用型人才队伍，这关乎数据中心建设能否顺利开展。目前，全国有近百所高校设有信息安全本科专业，信息技术人才培养走上专业化道路。但是信息技术、信息安全及大数据应用方面的人才仍然供不应求。

5.缺乏共享机制

高校大数据发展分为三个阶段：管理为主利用为辅，管理与利用并重，管理为辅利用为主。现在仍处于第一阶段，普遍存在"重建设轻利用"的问题。从高校教育管理现状看，现有业务应用系统大多独立存在，系统间难以实现数据共享与交换，海量数据得不到科学管理和有效整合。原因是高校缺少统筹谋划，各教育管理部门在建设自己的信息管理系统时各自为政，使用的软件系统和数据标准都不统一，形成一个个信息孤岛。

6.缺乏协同创新

当前高校大数据教育管理发展还存在校企深度合作不足的问题，大数据应用产品缺乏，活跃的企业不多；其次，成熟的教育软件不多，校企合力不足。目前我国高校信息技术软件应用系统建设模式主要有：购买成套产品；学校主导与开发商合作共同研发；用外包系统，很多定制；用外包系统，很少定制，其中，购买成套产品占大多数。我国高校教育管理软件不够成熟，由于企业擅长技术而短于业务，而高校擅长业务却短于技术，二者研发合力不强。因此，在系统实施过程中，技术企业要根据高校具体业务要求进行定制化开发，针对教育软件用户在教育实践中的痛点，研究亟须改革和解决的问题根源。当然，更提倡高校相关专业教师发挥熟悉业务、了解实践需求的优势，自主开发研究系统。最后，还存在优秀智慧教育方案推广不足的问题。相比国际发达的智慧教育，我国智慧教育起步较晚，智慧教育技术研发效能与觉醒程度及创新实力正相关，推广应用效能与观念解放及技术运用能力正相关。"好酒也怕巷子深"，由于缺乏有效的宣传，导致优秀的高校教育智慧设备、教学资源和智慧应用方案得不到广泛运用。借鉴支付宝、滴滴打车、百度云等商业软件的宣传推广策略，智慧教育解决方案的宣传策略应更多注重体验性，营销策略及盈利模式更应注重分步有偿化或"貌似免费"法，技术策略更应注重简单化与融通化，即平台功能丰富、融通，软件使用简单易学。智慧教育理念深入人心、智慧教育技术的"教技合一"必定是一个长期过程，通过有效的宣传和推广，这个过程必将变短。

7.缺乏有效激励

虽然我国多数高校为数字化教学资源建设提供了一定额度的资金奖励、资源开发工具、资源开发的相关培训和一些技术支持，但是教师的积极性并不高，这成为我国高校大数据教育管理发展的另一障碍。主要原因包括以下几个方面。一是高校教职员工对高校大数据教育管理的认识不足。教职员工对什么是大数据教育管理，大数据教育管理会带来什么效果，MOOCs、小规模限制性在线课程（SPOC）、微课等对传统教育教学改革有什么意义等问题，并没有清醒的认识，更不能从学校发展的全局和未来教育发展的趋势出发而采取教育教学变革。二是大数据技术、翻转课堂、慕课及微课等新技术群给教师带来学习压力。人的本能是守旧和惰性，对新事物有一种本能的抗拒。因此，智慧教育的教育方案、大数据教育管理的软件等必须朝着"方便、简单、智能"等方向发展，这样才能占领市场、赢得用户。三是大数据教育管理的优势并未充分显现。特别是在大数据资源建设初期，大量的数据输入和管理工作，似乎遮蔽了大数据技术在后期会产生的种种"好"，这种"近视"现象也是高校大数据教育管理阻力产生的根源之一。面对数据原住民的大学生，作为数据移民的教师需要勇气挑战和超越"旧我"，只有顺应时代发展和教育改革潮流，提高自身数据素养和信息素养，才能在数据时代创造新的成绩和发展。

（三）大数据技术下教育管理发展的促进策略

高校教育管理的发展经历了三个阶段：古代的经验管理、近代的科学管理（样本教育管理）和现代的教育管理。现代高校教育管理又有三种境界：信息化教育管理、大数据教育管理和智慧化教育管理。以生态化、智慧化、人文性为特征的文化教育管理是高校教育管理的最高境界。在高校数据"生态圈"中，各类教育管理是融通、共享、互激的存在关系。当前，我国高校正处于信息化教育管理向大数据教育管理转变阶段，在高校大数据教育管理新范式建立过程中，体制机制是关键。因此，有必要充分借鉴国外高校大数据教育管理经验，深入思考促进我国高校大数据教育管理发展的关键问题，提出具有科学性、可行性和可操作性的对策。

1.树立大数据教育管理发展理念

大数据时代，最需要的不是大数据，也不是大数据技术，而是大数据思维、大数据理念。大数据发展必须是数据、技术、思维三大要素的联动，高校教育管理大数据的发展，取决于大数据资源的扩展、大数据技术的应用和大数据思维与理念的形成。因此，树立数据开放、数据共享、数据跨界、数据合作的理念，是我国高校大数据教育管理健康发展的前提。

（1）树立分享理念

高校IT是大数据教育管理的基本设施和保障，其使命有两个：一是连接作用，"连接"师生、人与资源、师生与学校；二是支撑作用，支撑"教"和"学"，使之富有效率。发达国家高校大数据教育管理发展较早，数据治理理念比较先进，其突出IT技术与人的融合，这对我国高校大数据教育管理发展有着重要的借鉴意义。课堂上，教师在移动设备和其他应用程序的辅助下，创设参与性的学习环境；在课堂外，学生利用移动设备实现移动学习，打破课堂限制；在社交、管理等方面，移动设备都已广泛运用。借鉴之，我国高校大数据教育管理的发展理念要强调"连通与分享、人技相融、应用体验"的特点，要体现中国特色，彰显学校个性。高校要打破部门、学校、行业、地域、国域等界限，建立协同机制与分享机制，从最大程度上践行大数据的开放与分享理念，实现教育资源和数据资源的共建、共享与共融，从而实现高校课堂教学结构的根本变革，实现教育管理水平和教育管理效益的显著提升。

（2）坚持"以用户为中心"

我国高校管理层要树立"以用户为中心"的管理导向，以学校战略发展目标为指导，以业务流畅性为准绳，融合软件、硬件、服务，向用户提供简单易用、明确统一的集成化服务，以大数据技术和信息推动学校管理模式、教育教学模式的变革。高校在IT规划管理应用方面，要突出人与人、人与资源的高度融合，开发一个统一的、无处不在的平台，简化管理任务，使其更容易被学生所接受。该平台是学校业务和"注册办公室"的扩展，并将成为高校的门户网站，为学生提供持续易用的账户、课程表、登记材料、成绩和基本校园信息访问。它是传播紧急信息状态的自动短信和语音广播；是集成校园、地方警察和医务人员的客户端；是"商务办公"的扩展，能够实现账单支付、购票、买书、购物及财政账户管理的无线交易；是"注册办公室"的扩展，有利于课程招生、学习过程的互动和动态的成绩访问；是与校友和家庭保持联系的工具；是集培训和教师/员工访问的统一平台；是传播校园信息的统一平台。高校要加强基础设施建设，寻找一种灵活的、可扩展的方式，去替代老化的电信网络设备。同时，寻找对老化设备的改进策略，如简化支持，满足学生和教师的需求，帮助学校创收等。融合设备，如手机或平板电脑，是课堂交互性的硬件设备，这些"综合背包"会减少学生必须携带的学术工具，减轻学生负担，提高教师教学的可靠性，高校应推进这些"综合背包"在教育教学管理中的应用。

2.坚持大数据教育管理发展原则

高校大数据教育管理发展涉及制度建设、平台搭建、管理模式、人才队伍建设等，明确工作原则是其成功开展的前提和保障。高校大数据教育管理发展原则主要包括以人为本原则、扬长避短原则及疏堵结合原则。

（1）以人为本原则

高校大数据教育管理具有属人的特点，不论是大数据教育管理的物理设施建设，还是大数据教育管理的软件系统开发应用、大数据教育管理的隐性文化培育，都必须坚持"以人为本"原则。首先，平台是基础，高校应完善大数据教育管理的基础设施，构建学生的物理学习空间和网络学习空间，形成线上线下相融合的立体化学习模式，这些物理设施要体现"用户至上"和"学生本位"的价值追求。其次，高校大数据教育管理的软件系统在开发之初，就应以最大限度地发挥人的主动性、维护人的尊严为基本标准，以人的全面、自由和个性化发展为根本目标。最后，高校大数据教育管理文化不是冷冰冰的数据理性，而应将人文关怀融于其中，以防止人的尊严、人的价值在强大的技术理性面前被贬低、被异化。在高校大数据文化建设中，一定要避免"大数据主义"的产生，要做到规避大数据负面影响，而不否定大数据正面作用，弘扬数据理性，而不盲目崇拜数据。

（2）扬长避短原则

大数据的双重效应给我国高校教育管理带来了机遇，也带来了挑战。针对大数据技术的双面性，高校在制订应对规划、战略、制度时要坚持扬长避短、趋利避害的原则。发扬大数据在促进民主、平等、公正、自由的大学文化建设及科学研究方面的优势，利用大数据的及时性、动态性及互动性等优势，营造新型师生关系；利用大数据的预警性来判断教育管理动态趋势，做到防患于未然；利用大数据的先进性，提升教育管理信息的安全性，从而保护师生隐私和数据财产不受非法侵犯。对于大数据可能产生的隐私泄露、人之异化及数据霸权等消极影响也要提前防范。

（3）疏堵结合原则

在文化多样性的信息时代，大数据技术利用给高校学生教育管理工作带来空前挑战，特别是西方的多元价值及美国推崇的"普世价值"，将借助大数据、网络等现代技术载体快速传播和渗透到我国高校师生中。针对西方政治、文化及思潮的入侵，我国高校要坚持疏堵结合的原则，宜疏则疏、宜堵则堵。利用大数据技术的互动性和及时性特点，对一些不良文化观念进行疏导，做到因势利导，为管理者和被管理者提供交流沟通的平台和机制，而不能简单地围追堵截。在大数据时代，传统的封堵方式将会适得其反，最终反而会欲盖弥彰。但是，对于违反我国基本制度、基本国策等的错误行为和思想，必须利用大数据技术的预警性，做到早预防、早发现、早治理，把问题消灭在萌芽状态。

3.加强大数据教育管理顶层设计

顶层设计具有长远性、战略性、科学性的特点。科学的大数据发展规划、完善的大数据发展机制及民主的治理模式，是大数据教育管理成功的重要原因，这对我国高校大数据教育管理有着重要的启发意义。

（1）制订策略规划

高校大数据教育管理发展战略规划是高校在现有条件和未来条件下，如何更好地实现战略既定目标所采取的措施。我国高校要加强大数据教育管理发展的顶层设计，就必须要制订大数据发展战略规划，这样才能做到胸有成竹。高校大数据教育管理变革是一场"自上而下"的变革，这要求我国高校管理者在制订大数据战略规划时，要用战略的眼光、可持续发展的原则和开放协同的思维去行动。高校大数据教育管理发展要以建设"绿色、节能、智能、高效"的智慧校园为目标，对利益分配、资源统筹、平台搭建、治理结构、评价激励等方面进行精心设计和规划，要突出人与技术的深度融合，体现"大技载道"的技术智慧和技术人性，要激发各方的参与积极性和主动性，最终促进高校教育管理质量和效益的提升。

（2）加强组织领导

专门的教育信息管理机构是必要的。2012年，教育部成立了教育部信息化领导小组，同年，教育部成立教育信息化专家组，用以指导全国教育信息化推进工作。国务院2015年印发的《促进大数据发展行动纲要》（简称《纲要》）对教育信息化机制建设提出明确要求：在各级各类学校逐步建立教育信息化首席信息官（CIO）制度，明确一名分管领导担任首席信息官，全面统筹本单位信息化的规划与发展，要明确教育信息化行政职能管理部门、业务应用推进部门、技术支持部门等各主体在教育信息化建设应用格局中的责任与义务，建立教育信息化和网络安全问责机制，确保教育信息化的健康、有序发展。从宏观上看，高校要将信息化、智慧化与现代大学治理紧密结合起来，促进信息技术与教育教学和服务的深度融合。高校信息化领导机构需要重新调整，信息化部门要从单一的技术管理型向技术型与管理型并重的方向转变，加强海量数据的分析利用，充分发挥其潜在价值。对此，我国当前急切需要探索首席信息官（CIO）的运行模式，统筹高校的信息化规划、系统建设、应用推广和业务协调等工作，在二级学院、单位和部门均设置专门的信息员岗位，使信息化嵌入到高校的每一个单元之中，尝试推进两级信息建设（信息员制度、学院试点制）。

（3）明晰发展架构

麻省理工学院的开放式课程（OCW）项目目标定位清晰、体系结构合理，OCW项目的出版组、技术组、评估组、沟通组四个职能团队各司其职，保障开放课程的顺利实施。课程的整个发布过程流水线性进展，从课程登记到课程资源准备和设计到内容的格式化和标准化、建立课程站点、初步评价、阶段发布、故障排除和完善等，各环节紧紧相扣，流水线化保证了工作效率的提高，降低了项目运作成本，从而整体推进了工作进度。同样，我国高校大数据教育管理发展必须有一个清晰的架构，才能使数据采集、管理、使用、维护等各环节衔接有序、运转顺畅，从而促进学校各项事业可持续发展。我国高校要借鉴发达国家高校大数据教育管理发展的经验，依据国家《纲要》的精神，制订符合学校定位与发展实际的大数据发展规划。坚持业务导向和问题导向，坚持建设与运维并重，要提出具体明确的大数据发展战略规划目标，要在广泛调研的基础上任务聚类，要提高制度建设、规划方案的科学性和可操作性，考虑全员的利益，加强需求调研的广泛参与性和透明性，让数据中心的建设效果最大化。

4.完善大数据教育管理制度规约

（1）建立完善的大数据制度体系

高校大数据制度的制订推动教育管理制度体系的整体变革。在高校大数据制度生态中，包括两类制度，一类是规范制度，一类是促进制度。目前，我国高校不论是规范制度还是促进制度，都处于探索阶段，已经制订的大数据教育管理制度有些缺乏完整性、系统性、稳定性及可持续性，表现为某一阶段的应急之策，甚至存在高校为"大数据"而"大数据"的问题，如很多高校花巨大成本开发研究生管理综合信息系统，在数据采集方面花大力气进行部署，但实际工作中这些数据的价值充其量就是增大了数据库的量，并没有起到方便学生学习和生活的作用，违背了大数据教育管理"高效、快捷、方便"的初衷。例如，毕业资格审查工作，高校一般要求学生发表指定级别期刊，这些期刊论文又要求以扫描件形式传入网上系统，但是仍要求学生持期刊原件到办公室"验明正身"。这种现象的产生，原因可能有三种：一是软件应用系统不"科学"、不好用；二是学校管理人员对学生缺乏信任、对软件程序缺乏信任；三是学校管理人员观念落后、思维守旧。不管是哪种原因导致的结果，最终这种行为会在一定程度上削减学生对大数据应用平台和软件系统的"好感"，逆反的情绪产生虚假的数据，这不利于高校大数据教育管理的可持续发展。因此，高校在制订校本大数据管理办法的时候，应在遵循国家法律法规的基础上，根据学校实际、地区实际，制订具有可行性和创新性的制度，应考虑管理制度的稳定性和可持续性，在规范大数据教育管理行为的同时，积极促进大数据教育管理的变革。

（2）解决大数据建设有关争议

高校大数据管理制度主要包括采集制度、存储制度、使用制度、公布制度、审查制度、安全制度等。形成完善的制度体系是一个过程，当前高校这些制度的建立处于探索阶段，存在诸多争议。一是在采集制度方面，存在着知情权与告知义务的明确规定是否必要的争议。二是在存储制度方面，存在存储期限的争议，哪些数据需要设定短期存储，哪些数据需要设定中期存储，哪些数据需要设定长期存储，哪些数据需要设定永久存储。当然，保存期限与数据的性质及存储者所评估的数据价值相关，但是主观评估价值都具有相对性，现在认为没有价值的数据也许未来价值很大。三是在使用制度方面，存在着有偿使用还是无偿使用的争议。无偿使用，限于高校办学资金限制，但是有偿使用有悖教育的公益性，也阻碍数据的流转、传播与价值放大。四是在公布制度方面，存在着原始数据之争、安全之争、质量之争、价值之争、虚实之争。五是在审查制度方面，存在业务部门审查，还是技术部门审查，还是第三方审查的争议。数据采集后业务部门审查发布，则对数据质量不能保证，第三方审查或技术部门审查，因对业务不熟悉，只能从宏观或技术层面进行查错。六是在数据安全制度方面，存在究竟人防和技防哪个更可靠的争议。高校必须高度重视这些大数据制度争议，并努力予以解决，否则高校大数据相关制度的制订将无从下手。高校制订数据安全管理办法的核心内容应包括：建立数据安全管理的部门架构；建立数据资源的保密制度、风险评估制度；采用安全可信的产品和服务，提升基础设施关键设备的安全可靠水平；采取数据隔离、数据加密、第三方实名认证、数据迁移、安全清除、完整备份、时限恢复、行为审计、外围防护等多种安全技术等。

（3）加快制订大数据相关标准

国家教育事业发展"十三五"规划要求"广泛应用区域教育云等模式，积极推动各级各类学校建设基于统一数据标准的信息管理平台，实现各类数据伴随式收集和集成化管理，形成支撑教育教学和管理的教育云服务体系"。数据的价值通过数据共享来实现，但是高校教育管理大数据的异质性给数据共享带来挑战。因此，需要鼓励提高智慧教育设备的高互操作性、源数据和接口及标准的可共享性，从而提高数据的可访问性和价值增值。教育部2012年发布了《教育管理信息 教育管理基础代码》等七项教育信息化行业标准，这为高校教育管理大数据标准的制订提供了指导和参考。目前，高校之间、高校内部普遍存在数据不兼容、不统一、无法共享的问题。高校大数据标准制订的前提是遵循国家标准和行业标准，即国家大数据标准和教育行业标准，这样才能既保证高校内部各类数据之间的统一和共享，又能与学校外部的各类教育数据进行集成与共享。高校数据标准应具有可行性、适用性和延展性：可行性和适用性的要求保证大数据标准从高校业务实际出发，具有切实可用的价值；同时，高校又要立足长远的教育变革，使数据标准具有延展性。另外，高校在选择大数据技术合作伙伴时，不仅要顾及其技术能力及业务领域的成熟度，同时要考虑技术方案与现有数据及标准的兼容性。特别是学校内部或高校之间的资源采取标准接口和协议，并对异构的、动态变化的教学资源进行整合，这是建立共享机制的基础。虽然高校数据标准应根据国家数据标准进行，但是在国家教育管理大数据标准出台之前，高校不能消极等待，而是应该积极主动地组织教育管理大数据方面的专家和业内人士进行提前谋划与研制。

5.促进大数据教育管理协同发展

凡是成功的大数据教育管理案例，无一不是多部门单位协同的产物。我国高校大数据教育管理建设也要协同政府、企业、高校及研究机构的力量，共同促进高校教育管理的智慧转型。

（1）政府宏观引导

在高校大数据教育管理协同机制中，政府主要在政策法律法规、资金投入、协同科研、标准制订、考核评估和宣传奖励等方面发挥宏观指导作用。首先，国家要加大相关立法和标准制订的力度。促进高校大数据教育发展的法律法规包括两类：一类是规范法律，另一类是促进法律。高校大数据教育管理生态系统中的关键因素当属隐私、安全和道德问题。对于隐私的保护、安全的保障和所有权的澄清是大数据技术应用不能回避的挑战，必须正视且合理解决，以促进大数据技术的正确使用而不被误用、错用，促进其工具理性与价值理性的统一。目前，我国高校在促进网络学习的考试制度、诚信制度、评价制度方面还是空白，需尽快出台。普通教育与职业教育和继续教育的沟通有赖于终身学习成果认证体系及学分累计及转化制度的建立。对于诚信问题的解决，可以借鉴Coursers依靠网上监考技术、凭借打字节奏判断学习者是否本人的方法，也可以借鉴ETS英语四六级在线考试的改革方式，联盟高校相互设置考点，学生就近机考。要完善大数据制度规约，寻找发挥高校大数据价值、规避大数据技术风险之道。一是我国政府要建立健全数据的采集、审查、公布、存储、使用、保护制度，平衡管理创新与隐私保护、数据规范与自由发展。二是我国政府要加大对高校教育管理大数据技术研发的资金投入，重点在人工智能、实时处理海量数据及数据可视化分析及应用方面。三是我国政府要实行改进购买、使用和审核的分离，提升"信息化建设项目"的可持续性；要坚持集约化，提升投资绩效；推动机制创新，推动信息技术与高校教育教学深度融合。四是我国政府要实施智慧教育重大应用示范工程。

（2）社会积极参与

高校大数据教育管理发展离不开社会力量的参与，高校要与企业协同，发挥各自优点，共同研发教育管理大数据技术和培养大数据人才。"十三五"期间，教育部继续深入开展与中国移动、中国电信及中国联通三大电信运营商的合作，这是政产学研协同育人的良好举措。目前我国规模最大、最权威和最具影响力的教育成果展是中国国际智慧教育展览会。中国国际智慧教育展览会从2014年开始在北京举行，目前已举办多届，是我国首个专注教育信息化的展览会，旨在促进信息技术领域与教育教学领域的融通，集合依托政府保障、传达权威学术、专业化商业运作的实力化展现方式，打通教育信息化发展"最后一公里"。

（3）开展国际合作

我国高校教育管理必须抢抓机遇、博采众长、知己知彼，方能实现跨越发展。发达国家在教育、经济、科技、人才及国家综合实力上具有先天优势，因此它们抢得了大数据教育管理发展的先机，并积累了一定的经验，这对我国高校大数据教育管理具有重要的借鉴价值。我国高校要建立国际交流与合作平台及机制，避免走错路、走弯路，促进走对路、少走路、大超越。首先，我国高校要加强在大数据教育管理技术方面与国外高水平高校的合作，增强我国大数据关键技术、重要产品的研发力，拥有技术主权，避免技术垄断与殖民。其次，我国高校要加强在学科建设及人才培养等方面与国外的交流与合作。再次，我国高校要坚持网络主权原则，积极参与数据安全、数据跨境流动等国际规则体系建设，促进开放合作，构建良好秩序。最后，高校教育管理的变革是一项系统工程，牵一发而动全身，面对全球智慧教育的发展潮流，必须保持理性，既不能跟风，也不能坐失机遇。国际上的智慧教育方案大都处于边研究、边实践、边应用的阶段，企业开发的产品基本上都是第一代，虽然体现了智慧教育的愿景，但是还不具备大面积推广的价值，我国高校大数据教育管理方案也存在这些问题，这也是我国智慧教育展为何仅是"秀"的韵味更多一些的另一原因。总之，我国高校在学习借鉴国外高校大数据教育管理成功经验的同时，要用批判的眼光和战略的思维，提出适合国情、能够解决实际问题的本土智慧教育方案。

6.创新大数据教育管理分享机制

高校教育管理数据资源开放程度越高，产生的价值就越大，没有共享和开放的数据，只能是一堆没有生命和意义的数字。高校教育管理公共数据资源统一开放的程度包括低、中、高三度，高校公共数据资源低程度统一开放仅限于部门内部，中等程度公共数据资源统一开放限于地区，而全国统一开放的高校教育管理数据库则是高程度的，当然更高程度的统一开放是面向全球，从而达到人类知识信息的共享。

（1）采取分步实施、逐步推进的方式

公共数据服务作为未来新兴产业，正逐渐走向集成、动态、主动和精细的发展阶段，但是在数据公开方面，引导潮流的很难是个人或企业，显然，代表公共利益的政府应是数据开放潮流的引领者和规则制订者。目前高校开放和共享意识还不够，除了部分高校尝试资源共享、学分互认，高校"马赛克"现象还比较严重，一些部门和机构拥有大量数据，但以邻为壑，宁可荒废也不愿意提供给其他部门使用，导致数据不完整或者重复投资，浪费了大量人力、物力、财力。大数据时代已经来临，高校需要共享精神。我国高校大数据共享机制的建立也可采取分步实施、逐步推进的方式，在保证数据安全的前提下，先强制后自觉，逐步冲破部门、学科、专业、行业、领域等之间的藩篱，不断推进高校教育管理大数据，实现更高程度上的开放、共享和应用。

（2）建立利益共享的激励机制

高校大数据教育管理发展是一项系统工程，需要建立多方参与、无缝对接的合作共同体。推进高校大数据教育管理面临的阻力有很多，包括资金、技术、人才及体制机制等，其中体制机制是关键，利益共享是各方密切合作的动力。这个合作共同体也是一个利益共同体，不同的利益诉求、相同的求解方式将多方联结在一起，所以建立健全利益共享机制具有"射人先射马"的战略意义。在国内大部分高校的开放课程建设投资中，占比较多的是政府和高校投资，社会公益投资很少，大数据教育管理的成本分担机制没有形成。要构建多方融资的渠道，就必须要有合作方各自利益点的发掘。有些高校已经尝试实行学分互认，为了长期可持续合作的需要，建议可以尝试推行完全学分制，或者在目前不完全学分制的基础上，对各门课程学分估价，对于依托合作高校在线课程修满的学分可以给合作高校适当费用补偿。另外，建议建立科研数据的分级共享机制。对于造福全人类的科研数据，建议建立数据开放共享的激励机制。国家在宏观政策的引导下，对于致力于推进知识传播、文化发展和社会进步的MOOCs资源进行经费补偿；设立智慧教育进步奖，对于推进大数据教育管理的相关教师及管理者进行表彰奖励，甚至鼓励学校内部实行教师职称评聘等制度改革，对大数据教育管理相关奖励予以肯定和倾斜；在国家高等教育教学成果奖的评选导向上，建议将高校大数据教育管理作为未来教学成果奖评选的重点内容之一。

7.构建大数据教育管理评价体系

教育数据"资产"无疑是智慧教育构建的基石，只有建立科学的评价机制，才能推动从数据采集到数据利用的"一体化"发展，实现智慧教育的良性循环发展。

（1）建立完善评价体系

OCW在组织架构上，将评估咨询委员会作为麻省理工学院（MIT）院长办公室下面重要的一级机构，建立一个专门的评估团队，设计一个集项目评估和过程评估于一体的评估体系，并分别制订了评估档案。项目评估侧重评估课程的访问情况、使用情况和影响情况；过程评估考察OCW实施过程，评估其工作效率和效果。项目评估与过程评估体系相结合的方式，有助于评估团队全方位了解项目的实施和进展情况，以便制订相应的改善措施。我国高校应加强督导，形成对高校大数据教育管理的评价机制和反馈机制。要加强大数据教育管理评价体系的顶层设计，将大数据基础设施和制度建设作为高校的基本办学条件之一，纳入学校的基本评价指标体系之中。同时，建立高校大数据教育管理建设和实施过程中各个环节的具体评价体系，做到"无事不规划、无事不评价、无事不反馈"。高校大数据教育管理建设指标体系的设计要突出教学的中心地位，坚持效果评价与过程评价相结合的原则。

（2）建立完善评价方式

我国高校大数据教育管理中，也要重视各种规划或工作的实施情况，进行阶段性和总结性评估，评估其实施状况与实施效果是否达到了最终的目标。我国高校要建立量化督导评估和第三方评测制度，将督导评估结果作为相关人员奖励和问责的依据，以提升学校发展教育信息化的效率、效果和效益。我国高校在大数据教育管理建设中，既要关注整个数据治理的全流程管理，又要关注数据分析和利用的效果评估，通过对高校数据采集、数据全流程管理、数据质量、数据治理能力、数据利用等各个环节的项目评估、过程评估和效果评估，促进高校大数据教育管理各个环节的改进。这是一个长期的持续优化和迭代的过程。

8.强化大数据教育管理师资培养

人，是第一位的生产要素。加强专业人才培养，建立健全多层次、多类型的大数据人才培养体系，是未来中国大数据战略的重要人力资源支撑。《促进大数据发展行动纲要》指出，要"创新人才培养模式，建立健全多层次、多类型的大数据人才培养体系"。由于信息化的技术特征决定了人才投入是更具决定性的因素。大数据治理的核心是人，人既是大数据技术价值的追求者，又是大数据隐私的主体和捍卫者。专门的工作队伍建设是高校大数据教育管理发展的重要人力资源保障，高校大数据人才应当是"技术背景＋管理教学专家"的双重身份。然而，目前我国高校大数据人才的现状是教师数据素养普遍不高，对新媒体技术重要性认识不足及技术运用能力较低。我国高校大数据师资队伍建设可从以下几个方面着手。

（1）改革培训体系

教师是大数据时代"更加成熟的学习者"，教师和学生之间是相互协作的关系。高校在大数据人才培养方面具有特殊使命，不仅要培养数字公民，对于教育者自身的信息技术能力的要求也很高。大数据时代教师角色将发生巨大转变：由传统的"知识占有者"向"学习活动组织者"转变，由传统的"知识传授者"向"学习的引导者"转变，由"课程的执行者"向"课程的开发者"转变，由"教教材"向"用教材"转变，由"教书匠"向"教育研究者"转变，由"知识固守者"向"终身学习者"转变。大数据时代，高校教师的信息素养包括对信息的收集和处理能力及运用信息技术进行专业教学和提升的能力。要改革职后培训项目，使其内容紧跟时代潮流及教育改革潮流，能够与时俱进地反映学生发展的根本需求。教师职前培训课程体系建议设置"基础课+专题课+核心课题+自选课"的课程模块。另外，课程体系也不应千篇一律，而应根据不同的培训对象采取不同的方案，差异化的培训课程和教材才能更加有效促进全体教师的大数据素养。对于职后教师的培训而言，需要学校根据教育管理工作的需要和教师的特点进行，要采取个性化的培训方式，即"按需培训""多元培训"及"个性化培训"。

（2）创新培训方式

对高校教师的培训，从内容上来讲，不仅包括大数据技术，更包括大数据理念、大数据思维。英特尔未来教育项目的主要授课方式就是三种模式：人-机交流、机-机交流和人-人交流。在互联网、大数据技术背景下，高校教师必须具备基本的信息素养和大数据素养，熟练掌握并运用新技术促进教学革新。在人与人交流模式中，合作、体验的特点得到彰显；在模块化的学习中，创新的思维得到彰显。对高校教师大数据素养的培训不能期望一门信息技术教育基础课程能够"包治百病"，要将信息技术能力培养与课程、具体准备项目相融合。实施教师准备项目，确保教师按照有意义的方式掌握技术，模拟如何选择和使用恰当的APP工具为学习提供支持，并能评价这些工具的安全性和有用性。高校要在培训中贯穿自主、交互、探究、体验式的学习活动，充分利用网络平台开展研讨和交流，让教师体验新的学习方式，让他们日后将所学运用于自己的教学中。

（3）协同多元力量

高校教师大数据素养培训主体有三个：一是教育行政主管部门，二是信息技术提供商，三是高校。要建立协同机制，充分利用社会资源，加强对高校教师大数据能力的培养。高校可依托政府培训项目，遴选教师参与培训，建立大数据人才库；与大数据技术公司、大数据应用公司及大数据培训公司等企业合作，不断提高教师信息技术使用能力、大数据分析能力及教育教学改革创新能力。或者在国内设立培训基地，建设试点高校，充分发挥其对其他高校教师发展的辐射和示范作用。同时，要加强国际合作，可与智慧教育领先国家加强合作，双方互派培训人员，相互学习、相互借鉴，从而推进我国高校教师大数据素养不断提升。当然，高校除了要提升教师的大数据素养，还应提升学生的大数据素养。高校教育教学活动是师生共同参与的活动，具有"双主体"的特点，任何一方的大数据素养不高都会影响大数据教育管理的顺利进行。正如学者所说，智慧教育是一种"人机协同工作系统"、人和技术协同作用而构成的教育系统，人是技术的主宰。

三、大数据技术下教师素养的构建

数据素养是一种比较复杂的系统化的综合能力，它涉及很多学科领域，数据素养的关键因素主要集中在数学统计和计算机领域，数据分析和相关工具决定了数据是否能够被有效地利用，而批判性思维则贯穿于数据处理的整个过程。

教育数据背后隐藏的信息能够客观地反映出教育中的潜在现象和存在的问题，是教师制订科学的教育教学方案、实施教育教学决策的重要根据。当学校工作中充满了电子表格、报告、个人档案、书籍以及调查数据库时，教师需要科学合理地在复杂的教学环境下对教学做出观察、测量、干预、评估和决策。而要解决如何深入地了解学生、了解之后又需要做什么、对谁做等一系列问题，只有当教师具备了一定的数据素养时，才有可能"让数据来说话"。关于教师数据素养的概念，国内外研究者都提出了各自的观点和看法，有学者将教师数据素养视为一种综合性的能力；也有一些学者认为，教师数据素养是一种内在的意识；还有学者认为，教师数据素养就是教师对教育数据的操作技能，强调对技术的应用。通过对国内外的教师数据素养模型的分析，本书提出了国内教师数据素养的通用模型，该模型将教师数据素养分为意识态度层、基础知识层、核心技能层以及思维方法层，如图3-3所示。

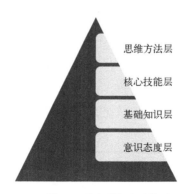

图3-3 教师数据素养模型

（一）教师意识态度层素养的构建

意识态度包括教育数据意识和教育数据伦理。大数据时代，教育数据意识是教师利用数据优化教学的前提和动力。教师的数据意识是一种扩展意识，指教师在进行与教育数据有关的活动时所产生的一系列感受，以及基于这种感受积累所形成的对于教育数据的觉知力。具体包括数据敏感度、数据价值意识、数据保存与辨别意识、数据更新与共享意识、数据安全与保密意识。

此外，教师在教育数据应用过程中要遵守相关的法律、法规、数据提供方的规定以及一些约定俗成的规则；要尊重数据源，不得违规买卖任何教育数据，不能侵犯个人、单位、机构、社会、国家的教育数据隐私；要注意数据重用的版权与许可影响因素；教师要具有教育数据道德责任意识，要对不良、违法、违规的教育数据及使用行为进行监督和管理。

（二）教师基础知识层素养的构建

教师数据素养基础知识包括教育大数据以及数据科学两方面的知识。教师需要从理论层面对教育大数据有深刻的认识和理解，掌握有关教育大数据的基础知识，包括教育大数据的概念、特征，教育大数据的相关政策、动态、趋势以及教育大数据采集、挖掘、应用等。教师还要掌握相关的数据科学知识，如数据的类型、结构统计、分析、归类等。通过基础知识的学习，教师要能够了解教育大数据的采集与处理方式，能够识别不同类型的教育数据，并且辨别教育数据的结构类型，了解各种教育数据源及其获取方式，要能够对数据的质量和价值做出基本评估，了解不同数据结果的呈现形态，并能够选择出最适合的呈现方式，掌握数据驱动教育的相关知识、理论、框架等。

（三）教师核心技能层素养的构建

核心技能主要是指教师对数据的实际操作，主要包括教师对教育数据的采集、分析、解读、应用和交流能力。大数据环境下，数据驱动的教学范式涉及教学的各个方面，教师需要通过数据隐含的信息来规划设计教学，实现教学反思和教学决策，优化教学，提高教育质量。因此，在现实的教学工作中，教师只有具备一定的数据操作能力，才能为数据驱动教学提供一定的实施条件。

数据采集能力是教师数据素养核心技能的基础，教师对教育数据的采集带有目的性、选择性。首先，对于已经存在的数据，教师需要具备从常见的数据库中获取数据的能力，如从所在单位的教学系统中下载、导出数据。其次，对于不能直接从现有数据源获取的数据，教师要能够设计合理的教学活动或教育评估方式，科学、规范地获取数据，如设计学习评估量表、观察学生的相关行为并进行记录等。教师还要具备数据采集工具的选择和使用能力，要知道不同的教育数据需采用不同的采集方式和工具，教育大数据常见的数据采集工具有录音笔、录像机、高拍仪、监控设备、教学管理系统等常规采集工具以及以教育机器人、智能穿戴设备、物联感知系统为代表的新型采集工具。数据分析能力是将教育数据转化为对教学有帮助的信息的能力。在分析数据前，教师首先要具备根据实际教学问题确定所要分析的数据对象和数据边界的能力；其次，要能够根据获得的数据类型、结构、分析目的以及实际的教学条件，选择最适当的数据分析工具；最后，要能够按照一定的数据分析原理，对数据进行整合、拆分、对比、关联、增维、降维等，并得出有用的教学信息。

数据解读要求教师能够构建教育数据与实际教学之间的意义关联。当教师面临简单的教育数据时，能够凭借自身的判断力和逻辑推理，结合相关的数据分析知识，对眼前数据包含的潜在信息进行正确解释，理解数据背后隐藏的有意义信息。对于复杂数据经过分析所呈现的数据结果，教师还要能够做出专业的解释，客观、准确地表达出数据分析结果所呈现的相关信息并给出结论。数据应用能力是指教师通过教育数据来解决实际问题的能力，即当教师在教育教学中遇到困难或需要解决问题时，能够积极主动地、有意识地通过相关教育数据的分析走出当下的困境。具备教育数据应用能力的教师，应当将"拿数据说话""用数据解决问题"视为一种教学的方法或范式，融入自己教学工作的方方面面，并以此来推进教学。具体来说，教师要具备能够利用数据进行教学设计、教学实践、教学评估、教学反思、教学决策的能力。

数据交流能力指的是教师利用数据与教育相关共同体进行沟通的能力。这种交流主要包括：与学生和家长交流，与同事、领导和自身的交流。教师要能够使用数据形成自己的教学日志或报告，这些数据报告能够有效反映出教师教学的过程、效果和经验。

（四）教师思维方法层素养的构建

思维方法层即教师通过数据驱动的教学研究和实践逐渐形成的用数据解决教学问题的思维方法，具体包括问题导向思维、量化互联思维、创新变革思维、辩证批判思维。

（1）问题导向思维

一般的教学活动都是在解决问题的过程中来实现教学目标的。问题的提出是考量教师能否带着思考对自己的教学行为进行理性分析的判断依据，是制约教师数据素养发展的重要因素。数据驱动的教学范式下，具备数据素养的教师能够有意识地从教育数据中发现教学问题，并以问题为导向来施行下一步的教学计划，调整教学策略，对学生进行干预指导。

（2）量化互联思维

量化思维下的教学要能够假设事物现象的各种特征、关系，并能够用数据合理地表示，再通过数学逻辑和分析揭示事物和现象的关系。在该思维引导下，教师要能够突破依靠习惯和经验实施教学的工作模式，有意识地使用并逐渐习惯用量化教学来发现数据下的教学事实，并且能够将这些事实与教学实践建立有意义的关联。

（3）创新变革思维

教育大数据目前还处于一个融合发展阶段，教师要逐渐形成利用数据进行教学创新和教学变革的思维模式。比如，当教师发现问题或遭遇教学难题时，不能只停留在被动查询现有解决方案的层面，而要依据科学的数据方法，尝试从数据中寻找解决问题的方案，探索性地进行数据驱动教学的研究或实验并验证其有效性，成为数据驱动教学的创新者和变革者。

（4）辩证批判思维

对于教育大数据，教师要用辩证的眼光批判性对待，避免唯"数据"是从、盲目信赖数据，面对那些明显违背客观事实的虚假、错误数据要理性对待。在思想上要明确数据只能从某一个角度代表一些客观事实，但并不是全部。在使用教学数据过程中，可以将数据事实作为重要的参考，但不是绝对的标准。

四、大数据技术下教育评价体系的构建

高校建设和发展的最终目的是培养出高素质的人才，其最重要的辅助条件就是提升高校教学质量。因此，在大数据时代，想要构建完善的高校教学质量评价体系，就应该从传统教学模式出发，改良其中的缺陷，保证教学质量评价体系呈现出一个动态的发展过程，合理规划高校教育资源的同时，提升高校教育教学管理质量。

（一）高校教育评价体系构建中存在的问题

在高校教育教学中，学生是课堂的主体，只有在学生充分融入课堂情境的情况下，才能对教师的教育水平和教学能力做出客观而公正的评价。一般情况下，学生在期末考试之前通过账号和密码登录校园网，并根据所给出的教学指标和自身的教学体验，为教师进行打分。但是在评教过程中学生常常会因为非教学因素对教师进行非客观的评价，例如，教师的仪表状态、严格程度以及和学生之间的互动等。将这些私人情感融入教学评价中，不仅无法真实反映出教师的教学水平，同时不利于学校以此作为教师资源调配的依据。

高校每一学期在开展教学质量评价之前教务处都会联合校外督导组对不同专业教师的教学活动进行研究和考察，并通过课下交流和相互借鉴，使高校教师能够积极创新教学方法，提高思想认识。但是这些督导组成员在进行教学评价的过程中只尊重了教学中的一般性规律，而没有根据该学科的专业特点，并结合该专业学生自身的学习能力进行判断。因此，评价的结果也不够全面。

高校不同专业教师之间的相互测评也能够为构建科学的教学质量评价体系提供依据，而且同行之间的有效交流，还能帮助彼此指出教学中的失误，从而提升学校总体教学质量。但是，在实践的过程中，由于高校教师日常教学任务繁重，因此在测评的过程中也没有深入到其他教师的课堂中，甚至仅凭印象打分。而且迫于人际交往的压力，评价结果基本为好评，这样也违背了构建教学质量评价体系的初衷。

（二）大数据技术下高校教育评价体系构建策略

1.数据收集

在数据库建设完成的情况下，管理人员需要对高校学生和教师的行为情况和思想情况进行收集，并集结成数据。其中，对于学生来讲，包括学生的学习和选课情况、校园网使用频率、线上作业完成率、学生就业规划以及已毕业学生的岗位分配等。对于教师来讲，包括论文发表情况和职称情况、线上答疑和网上搜索记录。将这些数据进行分类并整理，可以挖掘出数据潜在的价值，从而为更好地促进教学质量评价提供依据。

2.数据存储

在各项数据获取完成之后，为了能够突出数据的有效性和时效性，需要平台管理人员对这些数据进行分类整理，并进行有效存储。整理方法基本包括分析内容法、分析话语法以及统计法等。在数据迁移的过程中，还需要对其真实性进行判断，清除其中大量冗杂和重复的内容，以保证真实有效的数据信息。在管理的过程中需要采取模块化管理的方式，以便于日后的数据更改和交换。

3.构建科学的教学质量评价体系

在大数据模式的影响下，高校想要构建全面的教学质量评价体系标准，就需要将该体系具体分为三个主要内容，即对教学目标、过程和主体三方面进行评价。在构建目标评价体系的过程中，应该以以往能够体现结果的数据为依据，对学生各专业学科期末考试成绩、教师对试卷的分析结果、学生参与校内外竞赛的获奖情况以及未来的就业规划方向等进行评价。测评过程中需要各专业教师之间的配合，整理不同阶段学生的学习情况、思想状态以及和教师之间的互动等，将这些内容形成文档，上传到数据库中，由专业人士进行测评和整理。而主体的评价需要以学生的反馈为依据，根据同行和专家对自己教学活动的评价意见，不断反思教学成果，从而积极开发全新的教学形式和教学策略，提高高校的教育教学质量。高校在构建教学质量评价体系的过程中，要紧跟时代步伐，利用大数据信息管理模式，对各项评价数据进行收集和存储，以形成有效的意见，在丰富教师教学内容的同时，开发新的教育教学理念，提升评价结果，从而提高高校人才资源的管理质量。

五、大数据技术下智慧学习环境的构建

（一）智慧课堂的构建

目前，对智慧课堂的定义总体上有两类：一类是从"智慧"的语义学上定义，与"智慧课堂"对立的是"知识课堂"；另一类是从信息化视角定义。本书的定义是基于后者。从信息化的视角来看，随着信息技术的不断发展及其在学校教育教学中的应用，信息技术正从早期的辅助手段向与学科教学的深度融合发展，传统课堂向信息化、智能化课堂发展，对智慧课堂的认识也在不断深化。

目前基于信息化视角对智慧课堂概念的定义有三种：一是基于物联网技术应用的。这一定义强调基于物联网的"智能化"感知特点。二是基于电子书包应用的。这一定义强调基于电子书包的"移动化"智能终端特点。三是基于云计算和网络技术应用的。这一定义强调课堂中的"个性化"学习应用特点。

这里结合实际开发应用，提出基于动态学习数据分析的智慧课堂概念，即智慧课堂是指利用大数据、云计算、物联网等新一代信息技术打造的智能、高效的课堂，是基于动态学习数据分析和"云+端"的运用，实现评价反馈即时化、交流互动立体化、资源推送智能化，全面变革课堂教学的形式和内容，构建大数据时代的信息化课堂教学模式。

智慧课堂常态化应用的前提是具有先进、方便、实用的工具手段，为此需要构建基于学习动态数据分析和"云+端"应用的智慧课堂信息化环境。

智慧课堂信息化环境的总体架构包括三大部分，其主要功能有以下几方面。

（1）微云服务器

提供本地网络、存储和计算服务，可以方便、直接地将即时录制的当堂课程进行本地化存储；构建无线局域网，教师和学生可以通过多种移动设备，在无须互联网的状态下，实现任意点对点的通信与交互，节省大量互联网资源的占用；当连接互联网时，可以实现教室的跨越空间的直播。

（2）端应用工具

包括教师端和学生端。教师端实现微课制作、授课、交流和评价，导入PPT，并实现动画及视频的插入、电子白板式任意书写，实现发布任务、批改作业、解答问答等。学生端可以接收并管理任务（作业），直接完成作业，进行师生交互、生生交互。

（3）云平台

提供云基础设施、支撑平台、资源服务、教学服务等，如构建完整的教学资源管理平台，进行结构化与非结构化数据的各种教育教学资源管理，支持各种教育教学资源的二次开发与利用，实现多种教育教学资源的综合应用。在教学实践运用中，智慧课堂的教学流程为"3+10"模式，即由3个阶段和10个环节组成。这些阶段和环节包括了教师"教"和学生"学"的共同活动以及它们的互动关系。

① 课前阶段：a.学情分析；b.预习测评；c.教学设计。

② 课中阶段：a.课题导入；b.探究学习；c.实时测评；d.总结提升。

③ 课后阶段：a.课后作业；b.微课辅导；c.反思评价。

（二）学校管理支持平台的构建

智慧校园想要真正实现智慧型、智慧化的管理，根本要求在于借助将多元化的业务放在一个网络当中实现集成化的管理和控制，促使每一种管理系统获取相应的数据，并对这些数据进行分析和计算，从而更好地开展相应的服务工作。

（1）在招生以及就业的政策数据方面可以实现支撑性

借助以前的、其他的高校招生和就业数据，可以根据专业、性别、地区以及特长等将其制作成一个报表，并为后续的招生计划提供一个决策支持。

（2）人才方面的政策数据支撑

这一平台主要是存储教师方面的资源数据以及学校当前的师资队伍状况并制作成报表，高校管理者可以根据报表内容及时调整师资队伍的结构以及比例。

（3）财政方面的数据决策支持

这一平台主要是存储学校多年经营所获得的财务数据，借助对这些数据的分析，可以获得当前高校的资金状况，并获得学校在经营过程中的投入、产出状况，以此为财务政策提供有效的决策数据。

（4）人才培养模式方面的数据支持

这一平台主要是存储学生的学习状况、教师的教学状况以及评价状况，按照这些数据可以分析师生在具体教学过程中的教学情况，并总结出符合学生特性、专业特点的教学方式、教学内容以及教学模式。例如，在大学生就业情况不理想时，可以根据学生就业难的主要原因提出针对性的教学模式，如果大学生在就业时存在就业价值不正确、抗挫折能力较弱以及自我认识不足的情况，可以借助高校思想政治教育，通过"强化对大学生的就业价值引导""强化学生抗挫折能力""让大学生认识自我，推动诚信就业"，从而优化教学模式。

（5）学科建设数据的支持

按照学科的具体教学专业数据以及就业数据对学科的办学进行针对性优化和调整，如果就业数据显示当前的专业教学内容与岗位工作内容不符，可以有针对性地调整专业的教学方向。

第四章
机器学习技术在教育中的应用

人工智能日益被人们广泛接受，成为人们工作和生活中极为重要的部分，人类已进入人工智能时代。在此背景下，人工智能技术不仅改变了医疗、交通、零售和金融等行业的发展状况，在教育领域，人工智能也将不可避免地对人类社会的教育教学产生深刻的影响，进而推动教育的变革。人工智能技术与教育的深入整合对传统的教育理念、教育体系和教学模式产生了深远的影响。

第一节　机器学习的理论基础

探析人工智能时代机器学习的思维方式与逻辑准则，由此厘清人工智能教育的内在逻辑，为未来研究提供基础支撑。

一、机器学习的哲学基础

（一）本体论

本体论是从哲学的视角出发探究世界的本原与结构的理论体系与学说，旨在解决事物的本质究竟是什么的问题。在此视域下，人工智能教育社会实验的本体论研究探索的是人工智能教育社会实验是如何存在以及究竟为何目的。

不论是传统教育哲学将教育主体（施教者与受教者）看作"自然人"，抑或是新教育哲学将其进一步升级为"制造人"，人都被视为绝对主体的存在，即人永远占据主导地位，技术仅是人的外在附属物。这一观念无疑陷入了技术工具论的窠臼。技术工具论认为技术是服务于使用者达到某一目的的工具或手段，亦是一种拓展人类身体器官行为的方式，技术本身不具有任何价值属性，只有在人的支配作用下技术才有了行善或施恶的价值取向。在此理论视角下，"人技关系表现为单纯的主客二元性，强调人类主体与技术客体的独立存在"。譬如，20世纪80年代兴起的计算机辅助教学理论，依旧遵循主客二元分离的思想导向，以人的主体性地位为核心展开教育论述。与此同时，追溯人工智能技术的发展史也不难发现，技术逐渐从实现某种目的的工具演化成具有"意识"和行为能力的似人又非人的拟主体存在，表现出更多的主体性、自动性和智能性特征，具体表现为：随着人工智能"智慧"能力的不断提高，在弱人工智能时期，技术主要作为提升效率的辅助性工具存在，尚不具备主体性意识；强人工智能开始拥有多领域知识和自适应能力，其主体性地位愈发显现；超级人工智能则具有全面超越人类的智能，技术的主体性地位进一步提升甚至呈现出与人类主体势均力敌的趋势。有学者深以为然，认为机器不再单纯作为载体和工具，也将成为教育的主体和教育的对象。

事实上，随着技术的进步与常态化应用，教育形态和组织结构也在潜移默化中发生了改变，教育体系中的"自然人"概念已从面向"人"的单层次主体转变至"人＋技术"的复合型主体。从后现象学的视角出发，唐·伊德（Don Ihde）将人与技术（物）的关系分为具身关系、解释学关系、它异关系和背景关系四种，维贝克（Verbeek）进一步提出了第五种"人－技术"关系，将人与技术视为相互连接的共同体，人技关系从二元对立走向紧密结合，共同对智能教育的发展走向起决定性作用。

因此，就人工智能教育社会实验的本体论意蕴而言，"人＋技术"的复合型主体构成了智能教育背景下全新的教育主体范畴，既强调人与技术双主体的"联合性"，也保留了两者之间的独立性。须指出的是，这一复合型主体是技术乐观主义的产物，依旧以"人"为主体，"技术"实是人类智慧的映射，本质上是人类存在的技术化显现。换言之，人工智能教育应用反映了人类的教育价值观念，技术异化则是人与人之间价值冲突的根本体现。

另一方面，本体论与现象学的共同指向赋予了"人＋技术"复合型主体更深一层次的涵义。现象学创立者埃德蒙德·胡塞尔（Edmund Husserl）主张"任何事实科学（经验科学）都在本质本体论中有其本质的理论基础"，即现象学也是对本质的直观考察，这一视角与本体论的观念并无二致。现象学方法的优越性在于其强调对象具有多面性，要通过考察对象显现出来的侧面引入对其他不可见的侧面的关注，从而全面深刻地认识对象的本质。循此观点，本体论意义上"人＋技术"的复合型主体从单维概念延伸至多维，进一步涵盖了整个教育体系中的相关主体、主体特征、主体关系、主体交互属性等多维要素，具体表现为包括了利益相关者（政府、学校、产业等）、技术物（智能教育应用）、技术接受度、行为认知模式、人机关系、人机交互机制等，共同构成智能教育的完整系统结构，进而拓展了"人＋技术"的复合型主体范畴。

（二）认识论

认识论是从哲学的视角出发探究人类认识的本质和结构、认识与实在的关系、认识发生的条件和基础等问题的理论体系与学说。在此视角下，本节系统审视人工智能教育社会实验研究客体的范畴，探讨其认识论意涵。

欲析出人工智能教育社会实验研究客体的哲学意蕴，首先须厘清技术与社会的关系。技术与社会的关系在技术哲学理论中存在两种彼此对立的观点：技术决定论和技术的社会建构论。前者认为，技术与社会的关系是单向性的，即技术自被创造以来便会给社会带来不容更改的影响。当前关于人工智能必将取代人类教师的存在、淡化学生的思维意识等观念，就是这一理论的典型观点。而后者认为，技术与社会之间的关系是双向性的，技术无法单方面决定其对社会的影响。这一逻辑在于，技术是在社会背景下产生的，也必将在社会背景下加以运用，而不同的社会条件（环境、群体、制度等）往往会孕育不同的社会后果。马克思在《资本论》中关于"机器的资本主义使用"的论述充分证明了此观点：从技术生产的逻辑上看，机器本应是用以提高生产效率、缩短劳动时间的技术手段，但在资本主义的使用下则会沦为奴役劳动者的工具，这一现象无疑是技术与社会双向影响的结果。

人工智能教育社会实验的研究也应建立在技术的社会建构论基础之上。循此视角，人工智能教育社会实验需要将人工智能技术看作社会中的技术，其所产生的社会性影响绝非取决于技术本身，而是与技术在何种教育情境中被如何社会性地使用紧密相关。当人工智能技术深度应用到教育领域中时，技术自身的高度不确定性将会给教育主体与要素带来哪些影响，以及技术与教育、政策等社会因素的交叉影响又将如何塑造教育的未来发展。反之，对既有社会现象和发展规律的研判又将如何反馈于技术发展与政策导向的路径优化等，诸如此类的问题均应引起研究者的足够关注。

人工智能教育社会实验所关注的社会性影响是"技术－教育－政策"多元要素相互交织作用下的系统性影响，加之前文对人工智能教育社会实验内涵的阐释，或可逻辑地得出相应的认识论结论：人工智能教育社会实验研究需要建立同时涵盖技术、教育、政策等单向度观测指标，及技术与教育、政策等发生"耦合效应"的潜变量分析模型，具体包含三层涵义：其一要从教育学的角度，关注人工智能教育应用对教育相关主体的作用与价值；其二要从技术社会学的角度，关注人工智能赋能教育融合创新的社会性影响与潜在风险挑战；其三要从政策反馈的角度，关注人工智能教育治理的相关政策制度在推广应用中的社会舆论与评价。更为重要的是，还应从"技术－教育－政策"相互连接的角度，探索如何实现此三者最佳耦合的教育治理现代化，使人工智能技术赋能教育改革创新的同时能够充分保障教育的效能提升与政策的公平正义，实现智能教育生态的良性循环发展。

（三）方法论

方法论是人们认识世界和改造世界的根本方法的学说，亦是关于某类学科的研究方法与研究范式之哲学概括。人工智能教育社会实验作为一种新的方法体系出现在教育领域，为科学研判人工智能对教育的社会性影响提供了有效路径，理解其所包含的方法论意涵对人工智能教育社会实验的顺利开展具有指导意义。

"范式"这一概念最早由科学哲学家托马斯·库恩（Thomas Kuhn）在其著作《科学革命的结构》中提出，指的是常规科学研究所赖以运作的理论基础和实践规范，是科学共同体所遵循的世界观和行为方式。

在科研范式的自身发展与外部环境的双重推动作用下，旧范式会逐渐被新范式所替代，不断涌现的新范式的进步主要表现在其难题解决能力不断增强，为科学研究提供了新的思路与进路。《第四范式：数据密集型科学发现》指出，科学研究的范式正从实验科学、理论科学、计算科学推进到数据密集型研究的新范式，即第四范式，其所蕴涵的目标导向即是基于大数据的数据探索活动，致力于从数据中发现"是什么"和"不知道自己不知道"的现象与规律。这一显著特征本质上与人工智能教育社会实验所期望探寻的社会性影响完美契合。"数据探索"的范式转变为人工智能教育社会实验的顺利开展提供了更加科学的研究路径和更加丰富的工具手段，尤其是伴随人工智能技术的数据、算法、算力三大核心要素的发展成熟，精准捕捉、存储、监测、分析、预测研究对象的行为动态成为可能。如前所述，人工智能教育社会实验研究关注人工智能技术赋能教育的社会性影响与潜在风险，但与以往思辨研究不同的是，其侧重于通过科学循证的方法寻求社会性影响的具体表征，由传统实验的假设驱动转向了基于数据驱动的探索与循证过程，实现对社会性影响的结果与过程两个维度的全面刻画。故此，人工智能教育社会实验研究须遵循"数据探索"范式的研究路径，充分发挥教育大数据与智能算法的技术优势，提高人工智能教育社会实验在实验干预、随机分配、实验数据获取、实验数据处理、实验效应分析等方面的水平，从而提升人工智能教育社会实验研究设计的科学性与严谨性，以期更加全面、深入地理解与解释社会性影响。

（四）价值论

价值论是关于价值的性质、尺度、评价和规律等的哲学学说。开展人工智能教育社会实验，有助于让人们从关注技术本身对教育效率的提高上升到关注技术对人类社会的深刻改变，从关注技术对教育当下的短期影响拓展至关注技术面向未来的长远影响，进一步拓展人类对科学技术作用机理与演变规律的认识。人工智能教育社会实验的价值观意蕴兼顾"立足当下"与"面向未来"的双重价值取向。

"立足当下"的价值取向包含两个方面：其一是提高教育教学效能的实践导向价值，其二是完善教育基础理论的理论构建价值。如前所言，人工智能教育社会实验以"数据探索"为核心的研究范式，为挖掘人工智能教育应用影响下的学习认知、教学交互、知识生成、情感体验、行为表现、教育治理等方面的教育规律提供了可能。一方面，发掘的客观规律有助于认识人工智能教育应用赋能教育系统的可能性，验证其对提高教育教学效能的有效性，以及揭示其在教育治理过程中的作用机制，进而反馈于技术发展与技术应用的路径优化，实现提高教育教学效能的最终目的。另一方面，传统教育理论大多是基于经验的归纳演绎，有学者指出，缺少数据支撑的理论也是缺少根基与说服力的，因而发掘的客观规律有助于教育者在数据支持的基础上，以理性的目光重新审视传统教育理论。特别是立足于当下教育转型的关键时期，借助实践数据揭示的客观规律来认识与反思传统教育理论，实现教育实践与教育理论的双向建构，从而不断完善与发展适应社会发展需要的教育基础理论，甚至可能产生面向智能教育的原创性理论。

"面向未来"的价值取向指的是提升风险防范能力的实践导向价值。教育领域在人工智能、大数据、虚拟现实技术（VR）、物联网等新兴技术的协同赋能作用下，其影响会迅速全面渗透到学习环境、教学方式、资源配置、组织形态等各个方面，甚至极有可能颠覆人们的学习观念与学习方式。与此相关，技术广泛应用的高度不确定性可能导致教育相关主体面临社会性危机，传统的手段难以及早预测、发现和全面控制，尤其是现有关于人工智能风险研判的研究以理论思辨为主，缺乏科学的循证过程与事实依据。人工智能教育社会实验通过大规模、长周期的跟踪实验，对教育场域下的多模态过程数据进行实时收集与量化分析，给予管理者客观全面的决策依据，从而基于数据分析超前研判人工智能技术大范围应用后的社会效应与风险挑战，提前制定防范化解重大风险应急预案，提高应对技术不确定性的风险防范能力。

二、机器学习的教育理论基础

（一）布鲁姆掌握学习理论

机器学习广泛应用于各行各业中。在医疗领域，机器学习可以帮助医师诊断患者的病情；在工业领域，以机器学习算法为核心的机械设备可以代替工人完成危险的工作；疫情防控期间，在隔离酒店提供送餐服务的机器人，它们的"灵魂"也是机器学习算法。人们的生活方式，甚至人生方向，因为机器学习、人工智能而发生着深刻的变化。随着技术的发展，有些工作会被机器取代，而人类在就业选择中要尽量避免这类工作，毕竟机器可以不眠不休地工作，还不需要工资。当然，在人工智能时代，人们也不要过分担心工作问题，不要害怕机器会取代自己，未来的教育才是关键。

那么，在未来教育中，机器学习又可以扮演怎样的角色呢？看一段对话：

小红妈妈："这次我家小红又没考好，又是全班倒数！小明妈妈，你家孩子如何？"

小明妈妈："小明这孩子比较自觉，一直是全班前几名。"

小红妈妈："我呀，也不要求小红能进前几名，毕竟班级里就只有几个那么聪明的孩子。只希望呀，小红可以争取多进步，最起码成绩要达到中等。"

这段对话的感觉是不是很熟悉？平常人们在谈到成绩时总会这样唠叨或是调侃。但是，它背后的观念却不一定是正确的，可以称之为"教育怪象"。小红妈妈所说的"班级里就只有几个那么聪明的孩子"这句话，其实代表了大部分人的想法：每个人的智力水平是不一样的，呈正态分布，即两头少、中间多。这种几乎固定化的思维影响了人们对于学习成绩的看法。也就是说，人们认为学生的学习成绩也呈正态分布。在一个班级里面，总是有小部分的人学习成绩优异，小部分的人成绩很差，而绝大多数的学生成绩都一般。不仅家长这么认为，其实在潜移默化中，老师和学生都这么认为。

称它为"怪象"，就表明这不是一种值得认同的观念。相反，在某种程度上它还是一个消极的信号。如果学生认同了这种思维的暗示，那么会导致学生学习兴趣被削弱。有的孩子会因此而自暴自弃，认为反正班级里总有差生的，又没什么关系。或者自我安慰：我保持中等就好，班级里大多数同学都和我一样。可怕的是，人们认为这是一种正常的教育现象或是教育规律，并不觉得这是教师的过失或者说是教育的失败。接着从智力水平的正态分布来看，抛开正态分布在数学上的复杂含义，它的本质是一类用于偶然或随机活动的概率分布。现实世界中大部分的分布都满足正态分布。但是，教育是一类偶然或随机的活动吗？显然不是，教育是一类有目的、有组织、有计划的活动。这样一来，由教育产生的学生成绩就不一定符合正态分布了。智力水平的差异真的能从学生的学习成绩中反映出来吗？

美国教育家约翰·卡罗尔（JohnB.Carroll）持不同的观点。他认为在智力水平呈正态分布的情况下，学校应当给予每个学生适合他们的教学类型、质量、数量及学习时间等。在此条件下，学习成绩的分布就不再是正态分布，而应该是高度偏态分布，偏向于学习成绩高的一端。这就是卡罗尔的"学校学习模式"。该模式认为学生的智力或能力反映的是他学习一项任务达到掌握的程度所需的时间量，换句话说，给每个学生充分的时间，他们都能掌握知识，得到较高的成绩。

本杰明·布鲁姆（Benjamin Bloom）提出的掌握学习理论正是建立在该模式的基础上。"掌握学习"的目的是帮助学生达到课程所规定的掌握标准。以传统的教学环境为基础，学校或者老师还需要在学生学习的过程中为他们提供针对性的帮助。对于相同的知识，不同学生从接收到掌握的时间是不一样的，因此学生也需要安排额外的学习时间。布鲁姆掌握学习理论的基本观点是，如果学生接受了适合自己的理想教育，并且得到了足够的学习时间，那么他就能掌握学习的内容。这里强调了两个条件：适合的理想教育和足够的学习时间。这两个条件为机器学习在教育领域的应用提供了突破口。

（二）最近发展区理论

其实早在20世纪30年代，苏联心理学家列夫·维果茨基（Lev Vygotsky）就已经表达过相似的愿景。他在著作中提出了最近发展区的概念（图4-1）。学生的发展呈现出两种水平，一种是学生的实际发展水平，另一种是学生可能达到的潜在发展水平。两者的中间地带就是最近发展区。简单来讲，就是学生在没有帮助的情况下所能做的事情和在有帮助的情况下才能做的事情之间的差距。那么学生如何通过最近发展区实现发展呢？答案是通过"教学"发展潜力。

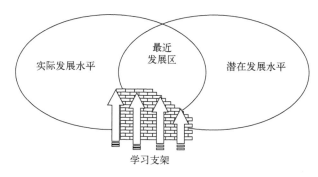

图4-1　最近发展区概念图

该理论的两个重点是可能的发展水平和最近发展区，这两个概念与掌握学习理论的理念不谋而合。学生现有的水平并不是他能力的全部体现，应该更加关注如何帮助学生到达他可能的发展水平。这就要求教学不能止步于当前的水平，而应该努力靠近可能的发展水平。

自维果茨基提出最近发展区理论以来，这一理论的概念也得到了衍生、扩展与更新。其中，支架式教学与其密切相关。支架式教学指的是教育者在学生的学习过程中，提供合适的、小范围的帮助或者提示。为什么在这里要用"支架"来比喻"帮助和提示"呢？"支架"也可以称之为"脚手架"。想象一下，工人们在脚手架的帮助下一步步攀登高楼的场景，是不是和学生借着"帮助和提示"一步步攀登知识高峰的场景很相似呢？学生们在特殊的"脚手架"的帮助下，能够逐步发现问题、解决问题，直到最后完全掌握所学的内容。

教学支架的帮助是启发式的，它的目的在于帮助学生通过最近发展区，达到新的发展水平，成为一个独立解决问题的人。同时，脚手架的理念与布鲁姆掌握学习理论中强调的给学生提供适合自己的教学帮助的理念是一致的。再来回顾一下布鲁姆掌握学习理论和最近发展区理论的重点：掌握学习理论认为只要给予学生适合他的教学帮助和足够的学习时间，学生就能够掌握所学的内容。最近发展区理论强调了教学支架在学生学习过程中的重要性。这两种学习理论为机器学习在教育领域的应用奠定了理论基础。

（三）教育变革理论

教育变革理论认为，教育一直处于不断的变革之中，变革是推动教育动态发展的动力，这是人工智能时代教育变革的重要理论依据。教育变革有两种类型，一种是有计划的教育变革，另一种是自然教育变革。有计划的教育变革是指通过采取一系列政策方针和各种方案对教育进行深思熟虑的变革，一般说来，教育革命和教育创新属于有计划的教育变革；自然教育变革则是指没有专门的计划和方案，没有人来实施的变革。而人工智能时代的教育变革是一项没有计划的变革，显然是属于后者的，它旨在借助人工智能技术推动教育教学的变革。人工智能时代的教育变革不是对传统教学的全盘否定，而是在整合传统教学模式优势和内涵的基础上，优化教育学习过程，创新教学方法和手段，它是对教学资源的利用、教学活动的组织、学习活动的形式和学习评价方式的一种系统改革。

（四）分布式认知理论

分布式认知理论认为，认知现象不仅包括个体心理中的认知活动，还包括人与人、人与工具、人与技术的互动中来实现某一活动的过程，这些分布的要素必须相互作用、相互依赖才能实现认知任务。该理论将认知活动过程中的参与者的特定环境及其互相关系作为一个分析单元，系统地考虑认知活动中涉及的所有因素。在人工智能技术应用的背景下研究分布式认知理论，对启迪教育教学改革具有重要意义。一方面，人工智能工具可以减少认知负荷，转移认知任务。学习者作为"智能产品"服务的个体，可以进行更深层次的、创造性的认知活动，而那些简单重复的认知任务则可以通过智能机器和技术来完成，目前，人机合作已经成为人类在面对复杂问题时解决认知问题的基本途径。另一方面，分布式认知理论认为，认知是在认知个体与认知环境相互作用的过程中完成的，对于教学而言，教学活动中的交流协同应该包括师生交流、学生与学生交流、师生与知识协同、师生与机器协同等，这就要求认知结构的多样化，智能教学环境恰好可以实现多样化，它可以创造多种认知互动方式，可以为学习者重构学习环境和体验，甚至可以通过听觉、视觉和触觉影响学习者，强化个体认知。

（五）精准化教育理论

精准化教育理论也是人工智能时代教育变革的一大理论支持。"一刀切"的方法是为普通学生设计的，而"精准化教育"则考虑到学生在学习环境中的个体差异，根据个体差异来设置他们的学习策略。精准化教育的主要理念类似于"精准医疗"，即研究人员收集大量数据，确定与某位特定患者相似的病情治疗模式，从而根据经验与实际来定制专有的预防和治疗模式。由于个性化学习是针对不同的人量身定制的，因此研究者可以关注实时情况来制订适应个人需求的个性化学习，理解个体差异对于开发针对特定学生的教学工具和使教育适应不同阶段的个体需求至关重要，这就需要适应性的教育工具和灵活的学习系统，来实现对学生学习情况的分析，精准化预测学生的表现，并提供及时的干预以达到优化学习的效果。利用大数据和人工智能技术的智能教育系统能够收集准确而丰富的个人数据。而数据分析可以揭示学生的学习概括，并根据他们的具体需求来制订个性化、精准化的学习方案。因此，大数据和人工智能有潜力实现个性化学习，实现精准教育，以便对个体差异有深入和严格的理解，可以用于实时和大规模的个性化学习。

第二节 机器学习的发展与分类

一、机器学习的发展演进

机器学习作为人工智能研究的重要分支，其发展过程大体上可以分为五个阶段。

（一）机器学习的萌芽期

20世纪40年代是机器学习的萌芽期。在这一时期，心理学家麦卡洛克（McCulloch）和数理逻辑学家皮茨（Pitts）在分析生物学中神经元的基本特性的基础上，提出M-P神经元模型。神经元是神经网络中最基本的组成部分。在M-P神经元模型中，每个神经元可以从其他神经元接收信号，将其进行加权处理，并与神经元内部的阈值进行比较，通过神经元激活函数产生输出。

（二）机器学习的热烈期

20世纪50年代中期到60年代中期是机器学习发展的热烈时期。指导这一时期研究的理论基础是20世纪40年代提出的神经网络模型。这个阶段所研究的是"没有知识"的学习，研究目标是各种自适应系统和自组织系统，主要通过不断修改系统的控制参数来改进系统的执行能力，不涉及与具体任务相关的知识。这一时期的标志是经典学习规则的提出。1957年，美国神经学家罗森布拉特（Rosenblatt）提出了最简单的前向人工神经网络——感知器，同时求解算法也相应诞生。1962年，诺维科夫（Novikoff）推导并证明在样本线性可分的情况下，经过有限次迭代，感知器总能收敛。这为感知器学习规则的应用奠定了理论基础。

这一时期的研究催生了模式识别这门学科的产生，同时形成了机器学习的两种重要方法，即判别函数法和进化学习。塞缪尔的下棋程序就是使用判别函数法的典型例子。然而，这种不涉及任务相关知识的感知型学习系统具有很大的局限性。但无论是进化学习、神经元模型或是判别函数法，所取得的学习结果都很有限，并不能满足人们对机器学习系统的期望。

（三）机器学习的冷静期

20世纪60年代中期到70年代中期，机器学习的发展进入冷静期。在这一时期，理论的缺乏制约了人工神经网络的发展，并且随着解决问题难度的提升，计算机有限的内存和处理速度使得机器学习的应用越来越受到局限。虽然温斯顿（Winston）和海斯·罗思（Hayes Roth）等通过模拟人类的概念学习过程，提出了结构学习系统和归纳学习系统，但是都只能学习单一概念，并不能实际投入使用，机器学习的研究转入低潮。

（四）机器学习的复兴期

20世纪70年代中期到80年代末是机器学习的复兴期。在这个时期，人们开始探索各种学习策略和学习方法，使机器从学习单个概念扩展到学习多个概念，并且开始把学习系统和各种实际应用结合起来，这大大促进了机器学习的发展。在第一个专家学习系统出现之后，机器归纳学习系统成为这一时期的研究主流，自动知识获取成为本阶段机器学习的主要应用研究目标。1980年，美国卡内基梅隆大学（CMU）举办了第一届机器学习国际研讨会，标志着机器学习研究在全世界范围的复兴。此后，机器归纳学习系统投入应用。1986年，机器学习领域的专业期刊《机器学习》（*Machine Learning*）创刊，意味着机器学习再次成为理论界及产业界关注的焦点，机器学习进入了蓬勃发展的新时期。

（五）机器学习的多元发展时期

在前面几个阶段，机器学习的研究主要集中在人工神经网络和学习规则的衍变方面。20世纪90年代之后，机器学习进入多元发展时期，除了人工神经网络算法之外，关于其他学习算法的研究也开始兴起。例如，1986年，澳大利亚计算机科学家罗斯·昆兰在《机器学习》上发表了著名的ID3算法，开始了对机器学习中央决策树学习算法的研究。1995年，俄罗斯统计学家瓦普尼克在《机器学习》上发表支持向量机（Support Vector Machine，SVM），自此以SVM为代表的统计学习便大放异彩。2006年，深度学习被提出，其通过逐层学习方式解决多隐含层神经网络的初值选择问题，从而提升分类学习效果。与此同时，结合多种学习方法，取长补短的集成学习系统研究正在兴起。集成学习与深度学习的提出，成为机器学习的重要延伸。当前，集成学习和深度学习已经成为机器学习中最热门的研究领域。进而，数据挖掘和知识发现在金融管理、商业销售、生物医学等领域得到成功应用，给机器学习的研究与应用注入了新的活力。

二、机器学习的多维视角分类

根据强调内容的不同，机器学习有多种分类方法。

（一）基于学习方式视角的机器学习分类

根据学习方式的不同，机器学习可以分为监督学习、无监督学习、半监督学习和强化学习。

1.监督学习

监督学习是机器学习中最常见的一种方式，是从有标签的训练数据集中推断出模型的机器学习方法。监督学习中的数据分为训练集和测试集，训练集中的数据提前被做了标记，同时包含特征和标签。训练集用于训练并建立一个数学模型，再用已建立的模型来对测试集中的样本进行预测。

2.无监督学习

与监督学习相比，无监督学习不需要对训练集中样本进行标记，学习模型是为了推断出数据的一些内在结构。无监督学习主要用于学习或提取数据背后的数据特征，或者从数据中抽取重要的结构信息。无监督学习也可以作为有监督学习的前期数据处理，从原始数据中提取标签信息。

3.半监督学习

半监督学习是监督学习和无监督学习的结合。半监督学习的训练集中的数据一部分有标签，另一部分没有标签，并且无标签数据的数量常常远大于有标签数据的数量。在实际任务中，无标签的样本多、有标签的样本少是一个普遍现象，如何利用好无标签的样本来提升模型泛化能力，就是半监督学习研究的重点。隐藏在半监督学习下的基本规律是：数据的分布必然不是完全随机的，通过一些有标签的数据的局部特征和更多的无标签数据的整体分布，就可以得到能够接受甚至是非常好的学习结果。

4.强化学习

强化学习，又称增强学习，是机器学习的范式和方法论之一，用于描述和解决智能体在与环境的交互过程中通过学习策略以达成回报最大化或实现特定目标的问题。强化学习理论受到行为主义心理学启发，侧重在线学习并试图在探索－利用间保持平衡。不同于监督学习和无监督学习，强化学习不需要训练数据，而是通过接收环境对动作的奖励（反馈）获得学习信息并更新模型参数。

（二）基于学习策略视角的机器学习分类

根据学习策略的不同，机器学习可以分为符号学习、神经网络学习、统计机器学习。符号学习和神经网络学习属于模拟人类大脑的机器学习方法，统计机器学习则是直接基于数学模型进行学习的方法。

1.符号学习

符号主义理论认为，符号是智能的基本单元，智能活动要依赖符号推理或者符号计算过程。符号学习是模拟人脑的宏观学习过程，以认知心理学原理为基础，以符号数据为输入，进行符号运算，基于图或状态空间中的推理进行搜索，学习的目标为概念或规则等。基于符号主义发展而来的机器学习方式被称为符号学习方式。

2.神经网络学习

神经网络学习是联结主义学习的代表，以脑和神经科学原理为基础，模拟生物神经网络的学习过程，以人工神经网络为函数结构模型，将数值数据作为网络的输入，进行数值运算，通过多次迭代在向量空间中进行搜索，学习的目标为函数。人工神经网络是机器学习的一个庞大的分支，有几百种不同的算法。常用的人工神经网络算法包括：感知器神经网络、反向传播神经网络、霍普菲尔德神经网络、自组织映射以及深度学习。

3.统计机器学习

统计机器学习是基于对数据的初步认识以及学习目的的分析，即选择合适的数学模型，拟定超参数，并输入样本数据，依据一定的策略，运用合适的学习算法对模型进行训练，最后运用训练好的模型对数据进行分析预测。

（三）基于功能视角的机器学习分类

根据机器学习算法的功能和形式的相似性，可以把算法分为回归、基于实例、决策树、贝叶斯、基于核函数、聚类、关联规则、人工神经网络、降维等。

1.回归算法

回归算法是通过对误差的衡量来探索变量之间关系的一类机器学习算法。回归算法通常是机器学习的第一个算法，因为它比较简单，通过它可以轻易地从统计学过渡到机器学习，而且回归算法是其他机器学习算法的基础。回归算法有两个重要的子类：线性回归和逻辑回归。

2.基于实例的算法

基于实例的算法通常先选取一批样本数据，然后通过比较新来的数据与样本数据相似性，寻找最佳的匹配。该类算法一般用于对决策问题建立模型。基于实例的算法也经常被称为"赢家通吃"学习或者"基于记忆"的学习。常见的基于实例算法包括k最近邻算法（kNN）、学习矢量量化算法（LVQ）和自组织映射算法（SOM）。

3.决策树学习

决策树是一种树形结构，树中每个内部节点表示一个特征上的判断，每个分支代表一个判断结果的输出，最后每个叶节点代表一种分类结果。决策树学习算法根据数据的特征采用树状结构建立决策模型，常常用来解决分类问题。决策树算法一般包括特征选择、决策树的构建和决策树的修剪三个步骤。常见的决策树学习算法包括：分类和回归决策树、ID3、C4.5算法、随机森林等。

4.贝叶斯算法

贝叶斯算法是机器学习的一类核心算法，其基于贝叶斯定理，可以用来解决分类和回归问题。其中，朴素贝叶斯算法是常用的一种。朴素贝叶斯分类器不考虑数据特征之间的相关性，认为每一个特征都独立地贡献概率。朴素贝叶斯算法允许使用概率给出一组特征来进行类别的预测。与其他的分类算法相比，朴素贝叶斯算法需要很少的训练，只需要在预测之前找到特征的个体概率分布的参数，因此，即使对于高维数据，朴素贝叶斯分类器也可以表现良好。但是，数据的特征之间并不总是独立的，这通常被视为朴素贝叶斯算法的缺点。

5.基于核函数的算法

基于核函数的算法是把输入数据映射到一个高阶的向量空间，在这些高阶向量空间里解决分类或者回归问题。常见的基于核函数的算法包括：支持向量机（SVM）、径向基函数（RBF），以及线性判别分析（LDA）等。其中，支持向量机是最有代表性的一种。

6.聚类算法

聚类算法通常是对没有标签的数据进行学习，找到数据的内在性质和规律，按照中心点或者分层的方式对输入数据进行归并。常见的聚类算法包括K-Means算法和期望最大化算法（EM）。

7.关联规则算法

关联规则算法通过寻找最能够解释数据变量之间关系的规则，来发现大量多元数据集中有用的关联规则。常见算法包括Apriori算法和Eclat算法等。

8.人工神经网络算法

人工神经网络算法模拟生物神经网络，是一类模式匹配算法，可以用于解决分类和回归问题。

9.降维算法

像聚类算法一样，降维算法通过分析数据的内在结构和规律，试图利用较少的信息来归纳或者解释数据。降维算法可以用于高维数据的可视化或者用来简化数据。常见的降维算法包括：主成分分析（PCA）、偏最小二乘回归法（PLS）、Sammon 映射、多维尺度（MDS）等。

第三节　机器学习在教学中的应用

机器学习是使数据具有意义的应用和科学，机器学习不需要先在大量的数据中进行人工分析，而是通过算法的自我学习，发现数据中的规则，把数据转化为知识。机器学习不仅在计算机科学研究中具有重要用途，在社会生活的各个领域中也发挥出越来越大的作用。在教育领域，学习者在学习过程中产生了大量的数据，迫切需要智能化手段挖掘这些数据，以发现潜在模式和知识来支持智慧教育的创新发展。机器学习的本质是使用计算机从大量数据中学习规律，自动发现模式并用于预测。因此，可以利用机器学习深度理解学习者的学习行为和学习特征，为学习者、教育者和管理者提供帮助。实时客观的教学反馈，可以使教育者掌握个体和整体学生的学习情况，促进教学质量的改善，还可以支持教育管理者制订决策。

一、服务学生的个性化学习

在教育领域，"机器学习作用的对象是教育大数据"，包括学习者在学习过程中与教育系统交互产生的统计数据、情感数据、行为数据和管理数据等，这些数据源来自不同的教育环境，包括传统的教育环境和网络教育环境。机器学习一般作用于教育数据挖掘过程，通过建立预测模型和描述模型分析教育数据来发现模式和知识。例如，通过分析学生的学习行为，预测其学习成果并进行可视化反馈，提高学习者的学习表现；通过学生的学习兴趣和偏好向其推荐合适的学习资源，支持学生个性化学习。

（一）预测学生学习成绩

学生的学习投入是影响学习成绩的主要因素，如学生的自主学习情况，学习活动参与情况，学习资源的浏览情况，同伴、师生交流情况，作业完成情况等。通过收集学生的学习行为和过程相关的数据，运用机器学习技术建立模型，预测学生的学习成绩，对高风险的学生进行预警，可以促进其加大学习投入，提升学习成绩。

（二）推荐个性化学习资源

当今大数据时代，学习者获取学习资源的方法和途径越来越多，然而大量的学习资源并没有带来学习效率的提升，由于需要花费大量的时间和精力来搜索和甄别学习素材，反而会导致学习效率的下降。利用机器学习技术，可以记录和挖掘学习者的学习数据，根据学习者的学习行为和学习特征，快速为学习者找到其感兴趣的、适合其学习的学习资源，减少其搜索和甄别资源质量优劣的时间和花费的精力，从而提高学习的效率，激发他们主动学习的兴趣与信心，有效提高学习质量。

（三）做出精准的学习评价

精准的学习评价是实现个性化学习的前提。只有充分了解学生的学习情况，才能向学生推荐适合其学习特征的学习资源、学习活动和学习策略。学习评价也是实现个性化和定制化学习的关键。因此，对学习者的知识获取、学习过程、发展水平以及反思和情感等进行监控和评价，也是机器学习研究的重要议题。通过对学生的学习数据进行挖掘分析、归纳，得出各方面的考核评价，可让学生清晰地了解自己的学习状态和学习效果，明确下一步学习中需要专注的方面，从而制订个性化的学习方案和学习计划。

二、辅助教师的针对性教学

当今的教育教学模式早已不再局限于传统课堂教学方式，在线教育成为课堂之外普遍的知识获取方式。在线教育人数不断增多，使得各个在线教育平台和各种教育信息管理系统积累了大量的数据。将数据挖掘应用于教育教学领域，从中分析师生各种活动行为和学习效果之间的内在联系，发现大量有价值的规律来指导和发展教育，能够有效提升教学质量，提高教学水平。其对于教师教学活动的辅助体现在以下方面。

（一）进行针对性的定制化教学

机器学习技术能够针对学生的个体学习情况设定目标，教师通过智能系统跟踪学生学习，掌握学生是否达到学习目标，并根据教学反馈，相应地更改教学方法、教学内容或教学目标，实现定制化教学。同时，利用机器学习技术，可以实时跟踪并处理学习数据并向教师提供反馈，以便教师能够立即识别出注意力不集中、参与度低的学生，并及时采取纠正措施进行教学干预。

（二）预测学生学习表现

使用机器学习算法，可以对学生的学习数据包括学时统计信息、平时测验成绩、学生参与行为、学习努力程度以及情绪情感状态等进行分析，预测学生的最终成绩或学术表现。使用数据挖掘方法还能够通过建立评价结果与各种因素之间的模型，挖掘学习效果达成背后隐藏的内在联系，找出影响学生学习态度和学习能力的主要因素，并基于这些关键因素，建立评定指标，分析学生在不同评价维度上的学习状态；也可以针对不同学生在学习活动中的各种行为和表现做出相应的评价并给予及时的建议，促进学生学习能力的不断提升。

（三）精准改善教学策略

在线教育中，机器学习方法对学员流失的统计有极高的准确率，能够帮助教师及时跟进学生学习进展、把握课堂进度，及时更新课程授课方案，改进教学策略从而降低学员流失率，提升在线教学质量和教学效果。

教师可通过对学生考试成绩和试卷等数据的挖掘分析，发现潜在的教学问题，并以此为依据改变教学方法，改进教学质量，为学生提供更优质、高效的课堂教学。依据分析结果，教育教学工作者可以基于学习者的学习情况来实现教学内容组织、教学模式构建等。

三、支撑管理者的人性化决策

大数据时代，学生学习、教师教学、教育管理过程中能够产生大量的教育数据，通过对相关数据进行分析，可以挖掘数据的潜在价值和数据之间的关系，整合现有资源，并对学校的管理和发展做出科学、合理的规划和决策，提高管理部门的工作效率。机器学习算法的应用能够让教育管理工作更加人性化，深度推动智慧教育的发展和进步。其具体表现在以下几个方面。

（一）进行高效的学生管理

结合学生管理系统中建立的学生电子档案信息，通过对学生的个人情况、兴趣爱好、家庭背景、学习情况、奖励惩罚等信息进行聚类、统计、预测，可以使管理人员迅速了解学生情况，便于针对性开展学生工作。管理人员还可以通过分析学生考勤情况、住校生活表现、参加社会活动等情况，对学生的行为倾向进行预测，防止学生出现心理问题或者一些不良行为。更进一步，管理人员也可以将机器学习技术应用到学生的综合测评中，从而提供更加全面的评测结果。例如，管理人员可以运用机器学习技术，对毕业生数据进行挖掘，分析学生的学习成绩、个人素质、获得证书情况、社会实践活动情况与就业情况之间的联系，分析学生的求职倾向和适合的就业范围，为学生提供有针对性的就业指导，提高学生的就业率。

（二）进行便捷教学管理和决策支持

教学质量评价是对教学活动最有效的反馈。教学质量评价通常包括教师的教学能力、教学方法、课堂教学效果、学生的学习情况等。利用机器学习技术对上述数据进行挖掘，可以对教学质量做出更全面、准确的评价。评价结果能够对学生起到监督管理作用，同时也能激励教师不断创新教学方法，进行教学模式和教学过程的改革、研究。人才培养方案和课程的设置在学生的培养过程中起着关键的作用。通过对历史数据进行挖掘和分析，掌握数据之间的潜在关系，分析之前的课程安排是否合理、课程结构是否完善，可为学校提供更科学的课程设置方案，促进教学效果和学生培养质量的提高。

大数据技术和机器学习技术还能够被用来构建教育决策支持系统，探索教育变量之间的相关关系，为相关人员制订教育教学决策提供有效支持，提高教育决策的质量。

第四节　机器学习的未来展望

机器学习发展至今，依靠大数据、大模型、大计算，取得巨大成就的同时，也受到了诸多制约因素的影响。20世纪以来，研究人员一直在探索机器学习领域在多大程度上可以与其他学科领域相互学习和受益，减少制约因素的影响。机器学习与自动化相融合，催生了自动化机器学习。自动化机器学习使得新手也能有效利用机器学习方法解决问题。机器学习和量子计算相融合，催生了量子机器学习。量子机器学习可以探索量子计算的能力，并增加了使经典机器学习算法加速的可能性。机器学习和脑科学相融合催生了类脑计算。类脑学习可以增强机器学习算法模型的泛化能力和稳健性。自动化机器学习、量子机器学习、类脑学习都是新兴的技术，很可能在未来对社会产生变革性影响。

一、自动化机器学习的发展展望

"机器学习在许多情况下击败或至少相匹敌于人类特定的认知能力"，例如：AlphaGo在围棋比赛中击败了人类冠军，深度学习机器在图像识别方面超过人类的表现，微软的语音转录系统几乎达到了人的水平，等等。

然而，机器学习算法需要针对每一个不同的现实场景进行人工配置和调整，并且需要大量的时间来监督它的发展，任务复杂且效率不高。近年来，非专家人士对机器学习系统的应用需求与日俱增，但缺乏专业知识来配置和优化不同类型的算法。有人提出，如果数据预处理、模型和参数配置、调优等机器学习工作流是自动化的，那么，一方面不具备机器学习专业知识的新手们也能够轻松使用机器学习方法；另一方面，这种自动化的方法解决了手动过程容易出错、效率不高和难以管理的问题，部署过程将变得更加高效，人们可以专注于其他更重要的任务。

这一研究方向就是自动化机器学习（AutoML）领域。自动化机器学习的目标是以一种数据驱动的、客观的、自动化的方式做出决策，包括数据集的划分、特征衍生、算法选择、调优、部署以及后续监控，都"一条龙"地实现。自动化机器学习可以提高性能，同时节省时间和金钱成本，大大降低了机器学习模型的开发门槛，只需下载一些软件包并按照在线课程进行操作即可。不需要专业知识，任何人（不仅仅是程序员）都可以在自己的定制应用程序中使用无代码的机器学习系统。这听起来像天方夜谭，但是由于当代人拥有如此多的基础架构（Tensorflow、Keras和PyTorch等开源框架），数据集和工具不仅标准化了人们实现机器学习算法的方式，而且消除了这样做的先决条件。

自动化机器学习的研究目前已经有一些不错的成果和相关探讨。几家主要的技术公司正在开发或者已经开发出自己的自动化机器学习系统，如Auto-sklearn（2011年）、Auto WEKA（2013年）和TPOT（2016年）。这些系统通过完全自动化的方法来实现所有机器学习方法，所有这些都可以通过图形用户界面，点击按钮来实现，而不需要写代码。鉴于工业界和学术界对自动化机器学习越来越感兴趣，同时为了帮助自动化机器学习领域解决预计花费很多时间甚至耗费几个世纪的复杂问题，2015~2018年，ChaLeran团队围绕自动化机器学习组织了几次挑战赛。自动化机器学习挑战的目标是引导机器学习社区的能量，逐步减少将机器学习应用于各种实际问题时的人为干预。自动化机器学习挑战赛经过业界专家的头脑风暴，向全世界证明并展示，自动化机器学习可以非常有效地解决一些任务，甚至比人类专家表现得更好。

2020年5月，OpenAI高调推出了一款具有1750亿个参数的自然语言深度学习模型GPT-3，在人工智能领域掀起了一股巨浪。GPT-3的突出特点是它的数据运行规模大，自动完成任务的速度惊人，不仅可以答题、翻译、写文章，还带有数学计算的能力，GPT-3生成的"新闻"几乎可以以假乱真。

在过去的10年中，自动化机器学习基于有监督学习的背景，在尝试使模型设计自动化方面取得了巨大进步与发展。但是距离自动化机器学习系统全自动化任务解决的目标仍然很遥远。关于自动化机器学习的可解释性解决方案、特征处理、非表格数据的处理、大规模问题、传递学习以增强其性能、可重复性的基准测试和交互性等方面，是目前社区挑战赛中未解决的问题，将成为未来的重点研究方向。

二、量子机器学习的发展展望

在拥有计算机之前，人类就研究过数据模式识别。在16世纪，分析大量天文数据的需求，催生了一些数学技术。开普勒分析了哥白尼和布拉赫的数据，揭示了一个模式：行星按照椭圆轨迹绕太阳运动，太阳在椭圆的一个焦点处。20世纪中叶，数字计算机使数据分析技术实现了自动化。在过去的半个世纪里，计算机能力的快速发展使得线性代数数据分析技术得以实现，如回归和主成分分析，并形成更复杂的学习方法，如支持向量机。20世纪60年代到90年代，建立在人工神经网络及其训练方法上的深度学习被引入和实施。在过去的20年里，由于计算能力提高和大量数据更易获取，机器学习算法在计算机视觉和复杂游戏（如围棋）等任务中取得了显著的成功，已经成为发现数据隐含模式的有力工具。在过去的10年里，特别是在过去的5年里，强大的计算机和特殊用途的信息处理器的结合能够实现数十亿个参数的深度网络。

计算能力和数据可用性的提高，以及算法的进步，使得机器学习技术在回归、分类、数据生成和强化学习任务中取得了令人印象深刻的成果。尽管取得了这些成功，然而，这场革命已经迎来更多的挑战。随着数据集规模的增长，芯片制造的物理极限越来越近，当前的机器学习系统正迅速接近经典计算模型的极限。机器学习技术将何去何从？

在人类接触了量子力学之后，这个问题有了解决方法。在科幻电影中，通过利用量子效应，如干涉或（潜在）纠缠，量子计算机可以为任何经典计算机提供指数级加速，有效地解决经典机器学习难以解决的问题。量子计算的这种优势被称为量子加速。量子计算将在机器学习的未来中扮演重要角色。将量子计算集成到机器学习中，将看到更快的处理速度、更快的学习速度和增强功能。这样做的潜力是巨大的，可能会影响数以百万计的人们的生活。这促使越来越多的研究人员探索利用量子计算的能力来为经典机器学习算法加速的可能性。

机器学习和量子计算的交叉领域，被称为量子机器学习（QML）。

传统计算机采用二进制存储数据，有1和0两种状态，在某个时刻非0即1。量子计算机中的基本单位是量子比特，存在着量子叠加态，在某个时刻0和1可以同时存在。2019年10月，谷歌量子研究团队基于Sycamore，对一个53比特、20深度的电路采样一百万次只需200s。同样的工作，目前世界上最快的超级计算机需要10000年才能完成。谷歌自称实现了"量子霸权"，其研究成果登上了《自然》杂志。2020年8月，谷歌量子研究团队宣布其在量子计算机上模拟了迄今为止最大规模的化学反应，相关成果登上了《科学》杂志的封面。研究人员使用Sycamore处理器，模拟了一个由两个氮原子和两个氢原子组成的二氮烯分子的异构化反应，并在经典计算机上得到了验证。

虽然人类在QML领域已经取得一些研究成果，但是截至目前，人类对量子硬件或算法的研究还远远不够。近年来，由于政府、公司和学术机构的支持，世界范围内建造量子计算机的势头越来越猛。现在的共识是人类将在15年内实现通用量子计算。现在已经有许多不同的量子方法来解决机器学习问题。尽管有许多有希望的结果，表明了一些机器学习问题的量子加速可能性，但这些加速法对实际问题的影响，仍然是一个悬而未决的问题。在不久的将来，量子硬件和软件开发的进展将评估这些技术的真正潜力。量子机器学习领域和未来的量子人工智能领域可能是近年来出现的最重要的研究进展之一。

三、类脑学习的发展展望

计算机时代到来以后，科学家和工程师们一直想给计算机注入像人类一样的学习能力。艾伦·图灵是最早提出智能理论的科学家之一。在他设想计算机有朝一日能够达到与人类同等水平的智能之后，机器学习领域取得了一系列巨大的进步。机器学习虽然在很多方面超过了人类，但在某些方面仍然有局限性。思考一下以下几个问题。

众所周知，柴犬脸部具有代表性的特征是棕黄色的脸、两只黑色的眼睛和一个黑色的鼻子，这样的图片结构和巧克力曲奇会很相似，如果用机器识别柴犬和曲奇，结果不可能百分百正确。识别模型需要基于大量数据，才能360度地认识柴犬。人类小孩可能看三四次就能识别柴犬和曲奇了。

那么，有必要明确以下三个问题。

问题一：是什么使得人类大脑基于小样本数据就可以轻松识别？

在识别苹果的时候，人类可能因为劳累和马虎，错误率高于机器。但是和人类谈论一张苹果图片所包含的信息，你会震惊于其信息之丰富——不仅包含了真实苹果的各种感官信息，还包含了关于苹果的各种文化典故，从夏娃的苹果，到白雪公主的苹果。

问题二：为什么人类大脑可以将丰富的信息有意义地关联起来，并轻而易举地加以运用？

虽然深度强化学习已经战胜了最强大的人类棋手，但是强化学习远非一种可靠的实用方法。这里面最难的在于目前的强化学习还做不到可扩展，也就是从一个游戏的问题扩展到真实的问题时会十分糟糕。一个已经学得很好的强化学习网络，可以在自己已经学到的领域所向披靡，然而只要在游戏里稍微增加一点变化，强化学习网络就不知所措。

问题三：为什么人类大脑可以轻松且迅速地应对瞬息万变的情况？

下面从计算机本身的性能和技术局限性方面来解释，为什么计算机很难实现人类大脑可以轻易实现的一些功能。在过去的60年里，计算机性能取得了巨大的进步，但由于底层计算的基本限制，改进速度在过去10年中已经明显放缓。现在的计算机架构是基于冯·诺依曼（Johnvon Neumann）体系的，这种体系有一个特点，即计算（CPU）和存储（内存）分离。这会带来效率低下的问题。因为计算机的计算和存储之间是通过总线来调度的，会耗费一定时间，甚至会造成堵塞。而人类大脑的计算和存储不是分开的，就不存在上面的问题。另一方面，来谈谈摩尔定律。摩尔定律是英特尔的名誉董事长戈登·摩尔（Gordon Moore）经过长期观察发现的，大概意思是说：用1美元能买到的电脑性能，每18个月翻一番。这意味着，计算能力会随着时间推移呈指数型增长。所谓物极必反，计算性能的提升会带来技术上难以解决的问题，以及经济上巨大的开销，人类总有一天会招架不住。很多科学家预言，摩尔定律在二三十年后会达到物理极限。

问题的本质都源自计算机架构和人类大脑结构的不同。对于问题一，应归因于人类大脑学习和机器学习的方式不同。对于问题二，人类对每一件事物的理解更加接近概念网络中的一个节点，和世界上所有概念相关联，而非机器学习分类器眼里的 n 个互相分离的"高斯分布"。对于问题三，可以理解为机器学习泛化能力的严重缺失，也就是缺少像人类大脑一样随机应变的快速反应能力。

为了解决上述问题，开发一种类似大脑的计算机体系结构是一种趋势。大脑是一种天然的计算机，它在解决某些问题上比计算机表现得更好，比如人脸识别和理解自然语言。这一认识导致了对神经形态或大脑启发计算的大量研究，以此增强计算能力。近几年，有研究者开始关注脑科学与计算机科学的融合，比如类脑计算。类脑计算，顾名思义，用类似人类大脑的方式解决计算问题。研究者认为，计算机在计算速度和准确性、存储速度、容量和寿命上占有优势。人类大脑在感知、认知、预测、学习、创新和自适应上占有优势。可以使计算机和人类大脑实现优势互补，来解决现有计算机架构面临的危机。

2016年被称为类脑计算元年。类脑计算发展至今，已经派生出脑启发的计算和仿脑计算两个研究方向。前者基于计算机科学，借用脑科学的基本原理改变计算机架构；后者是开展仿脑研究。人类开发出两条技术路线：一条是计算机主导，像机器学习，在图像识别、语音理解和自然语言处理方面都取得了辉煌的成绩，但它的泛化能力和稳健性差，很难处理不确定的问题；另一条是脑科学主导，像神经形态计算等发展也很快，但因为人们对脑的机制认识得还很不充分，也阻碍了其发展。目前，把两条技术路线结合起来是最好的方法。

2019年，图灵奖得主约翰·汉尼斯（John Hennessy）和大卫·帕特森（David Patterson）发表长文指出：未来10年是计算机架构发展的黄金期。得益于人工智能的发展，人类可以利用超级计算机模拟仿真，借助大数据、云计算，实现类脑一样复杂的系统平台，还有纳米器件可以模仿人脑神经元和突触。

可能有读者会问，不理解人脑，怎么造类脑计算系统？清华大学教授施路平结合了类脑计算和基于计算机科学的人工智能，在2019年领导团队发布了世界首款异构融合类脑芯片。这一成果不仅登上了《自然》封面，也实现了中国在芯片和人工智能两大领域《自然》论文零的突破。他指出：用越来越快的计算解决问题，换句话说，利用时间复杂度解决问题。……天机类脑计算系统的设计思路是在现有计算机架构基础上，加入类脑计算芯片引入空间复杂性和时空复杂性。

发展类脑计算，可以赋能各行各业，有很多应用，比如智能教育、智能医疗、智能家居等。在采集不到很多数据或者数据比较零散的情况下，类脑计算也能助力自动驾驶、深海探测等。

在图灵、冯·诺依曼等伟大的计算机科学先驱撰写的文章中，就可以发现一些关于自动化机器学习、量子机器学习、类脑计算方面的畅想。到今天，人类对各个交叉领域有了较为明确的研究目标和研究方法，说明实现这些领域的交叉融合是人类一直以来的梦想。

在未来，机器学习除了和以上三大交叉领域融合发展，还有很多其他值得突破的研究方向。在讨论2020年机器学习领域趋势的时候，谷歌技术首席科学家杰夫·迪恩（Jeff Dean）将"通用人工智能"解释为一个伟大的、可以做很多事情的多功能大型模型，并坚定地认为这是机器学习的未来。

第五章
VR 技术在教育中的应用

VR 是 virtual reality 的缩写，意为虚拟现实。VR 技术作为当下全球的前沿科学，是多学科、多平台领域技术融合的产物，是艺术和技术的结合。近些年，随着现代教育的快速发展和使用，VR 技术带给各行各业前所未有的变革，相比之前所有教育手段，VR 技术更能实现课堂教学趣味化、教学知识立体化，教学资源信息化与共享化。本章对 VR 技术在教育中的应用现状、特征及影响进行了分析，梳理了其应用场景，并选取几个方面对 VR 技术在教育中的应用实践进行了分析。

第一节　VR 教育的现状

VR 技术基于计算机、仿真等技术模拟虚拟环境，带给人沉浸式体验。

VR 技术的普及为未来的教育改革提供了一个难能可贵的机会，而 VR 教育研究也已经由最初单纯的技术研究开始向教育本体化研究转化，国家的政策引导已逐步开始，多位学者也开始就 VR 教育中的核心问题进行了深入的探讨，各大高校也成功地开始了一些 VR 技术与具体学科的教学融合，但值得注意的是大规模的 VR 教育变革尚未开始。而整个 VR 教育系统性的本体化研究要结合具体学科的教学实践案例。因此，如何结合中国学生的特点设定发展目标，并据此研创出完整的学习系统，搭建实用的 VR 教育平台，关注多学科研究，积极在实践中进行教学资源的开发，才是今后发展的重点。

一、VR 教育教学模式的研究现状

关于 VR 教育，众多学者提出了不同的教学模式和方法，高嵩等归纳总结了国外的教学模式，认为可分为基于人际关系的协作学习模式、桌面 VR 在线学习管理系统模式和综合课程模式等。多位学者将目光集中于基于游戏的教学及学习模式，以及以学习者为中心的教学模式。前者因 VR 极强的沉浸性、交互性、构想性和智能性，让"玩家"明确清晰地获知自己当前的目标、目前已完成的进度以及完成后的收益，它同时还具备即时反馈的激励机制，因此能形成内在动因，从而使学习高效完成。华子荀提出应"以认知学习理论为指导，抽取'同化、顺应、机械学习、意义学习'四类关键要素，建立 VR 环境支持的学习者动觉学习机制框架"。后者认为研究对象应从技术研究逐步转向教学主体，因为"教育呈现向技术祈求的姿态实属无奈。VR 教育的研究取向要以人性

解放为主。"在教育的核心价值观由"教"转到"学"的基础上，以激发学习者的能动性为关键点，找到教学主体与辅助技术两者间的平衡点。高嵩等明确指出，在研究VR教育本体理论的时候，必须综合系统地研究VR教育中技术的四重属性，并围绕此属性来认真稳步地展开。

在教学策略方面，赵一鸣等认为"在VR环境中有效的教学策略设计是提高学生学习效果的关键因素"。林齐盼等提出"将VR在教育中的主要策略分为超越时空呈现学习资源、提供探究实验的工具和创建实操训练场景这三种类型"，并认为"从VR教育应用策略来看，主要是利用VR提供探究实验的工具和创建实操训练场景两种策略，且后者多于前者"。

总体来看，各种利用VR技术进行探究式学习的策略是关键，而在教学策略设计方面需要以学习者为教学及学习的主体，并据此深入考虑VR技术带来的"互动深度"与学习时长，从而达到促进学生积极参与的目的。

二、VR教育学习环境的研究现状

目前，该方面的研究致力于使用VR技术促进新一代学习环境的形成。具体的研究和实践集中在各大高校中，以改变传统教学方式、提升情境体验为目标。

由于VR技术独特的交互性、虚拟性和沉浸性，可以实现原本不可能实现的任务，访问不可能访问的对象。VR扩大了学术环境的视野，也可以在困境中提供新的探索路径。同时VR技术还提供了一种全新的立体学习环境，使得学习者的学习方式大为改观。他们不再通过追寻一个扁平化的文本或是抽象的历史文化坐标来学习，而是全方位地深度参与学习。

（一）新型学习环境的分类

新型学习环境的搭建，从硬件设施上可分为两种，一种是搭建专业的"CAVE"VR环境，即沉浸式学习环境。另一种则是利用头盔或单面3D墙壁搭建简单的半沉浸式或非沉浸式学习环境。

"CAVE"是"洞穴"的意思，是在硬件设备上利用超大屏幕制作墙面，在上下左右前后6个面上进行全方位的虚拟环境营造，再辅以强大的编辑操作系统，使得进入其中的学习者犹如置身洞穴，完全沉浸于VR的世界，是名副其实的身临其境。

半沉浸式或非沉浸式环境，利用头盔或单面3D墙壁与普通电脑来实现，接受度较广。因为价格不像完全沉浸式环境那么高昂，所以在公共教育方面有一定运用。

（二）新型学习环境与深度学习

在整个学习的过程中，学习者不仅仅要掌握基本的理论知识，更重要的是通过学习形成对该知识的深刻理解，并最终获得一种属于自己的抽象性思想。这种抽象模式通过组合和转换先前的模式来生成。这种思想是在特定知识领域中对具体知识的一种领悟和升华。它不可能通过简单的文本阅读或是话语教导，甚至体验来获得。它必须经历一个从实例到抽象概念再到新实例的转变过程。这样的过程就是所谓的深度学习，而完成深度学习恰恰是教学中比较复杂的目标。选用VR技术来建设新型的学习环境有助于学习者实现深度学习。而这一点在儿童和青少年教育或是公共教育领域表现突出。以"地球的形状"项目为例，此前的研究表明幼儿难以把握"地球是椭圆的"这一概念。而利用VR技术来教导幼儿"地球是椭圆的"明显提高了幼儿的认知。

三、VR教育教学资源的开发现状

目前国内该领域的研究主要分为三个方面。

首先，集中在对操作性要求较高的学科，要建立全虚拟实操训练场所资源，如飞机驾驶、机械维修等。其次，集中在学科中需要反复练习的实际操作技能部分，要建立虚拟实验室资源，如医学学科中关于医疗手术的部分，开发手术训练室；生物化学学科中具有一定危险性的实验部分，开发生化实验室等。最后，集中在公共教育虚拟资源开发方面，如在语言学习和文史学习方面，要开发相应的虚拟环境。研究表明该类资源的开发往往遵循建构主义理论，引导学生主动运用已有知识和经验，在虚拟资源中边学习新知识，边灵活运用，最终完成学习意义方面的建构。

但值得注意的是，学科资源的开发应该是动态的、可生成的。在开发过程中，应该将教师和学生作为资源的创作主体。目前由于投入较高，高校信息中心或是相关专业制作公司是教育资源的唯一创造方，这容易使资源开发形成"孤岛"，造成资源的固化。针对这一点，已有学者进行了研究。徐丽芳就在总结国外系列案例之后，给出了先进示范样本：与国内外大部分VR平台不允许学生自主创建教学资源不同，日本的Engag可以提供内容制作服务，允许教育工作者创建和制订教学计划，包括一些VR教育项目的制作——这有效地提高了教师和学生之间互动的自由度和个性化程度。

四、VR教育平台的开发现状

VR学习系统与平台开发也是当下的一个热点。目前，"VR开发一直处于零散的状态，缺乏系统化的统筹把握"。周明全认为应形成一个系统的VR教育平台，即可视化与VR学习系统，实现教学内容可视化、教学环境虚拟化、教学过程交互化、教学评价客观化的完整过程。在这个过程中，教师可以基于这个系统进行仔细的教学设计，并让学生基于问题进行探究式的学习，这样不仅能实现教学内容即教学资源的生成式开发，还能形成完整的情境式教学，完成师生之间、学生之间、人机之间的交互，并通过新型的评价方式，如3D打印等方式，做到教学效果的前后验证，形成真正客观的教学评价。其中，平台对协作学习能起到极大的促进作用，虚拟会面交流能增强学生的社交能力和语言能力。

第二节　教育VR化的特征与影响

VR技术是一种囊括了计算机技术、电子信息技术、仿真技术、通信技术在内的新兴技术，其实现方式是通过计算机模拟虚拟环境，带给用户环境沉浸感。VR技术自诞生以来就获得了广泛的关注，随着各项配套技术的不断发展，该技术在各行各业都取得了一定的发展。

教育行业是VR技术最先落地的行业之一，也是目前最有发展前景的行业之一。随着在线教育的蓬勃发展，教育VR化获得了政策和市场的双重鼓励，在此过程中，通信运营商作为网络基础设施的建设者，也在教育VR化的进程中迎来了新的发展机遇。

具体来说，教育VR化指的是将VR技术融入教育教学、教育管理和学科研究的各个方面，促进教育技术和教育方式深层次改革的过程。对于教育本身而言，VR技术最大的价值在于通过VR教学资源、云计算、5G通信网络和硬件设备的综合使用，提高教师教学质量和学生学习效率，建立起开放、高效、协作、共享的教育生态环境。VR教育示意如图5-1所示。

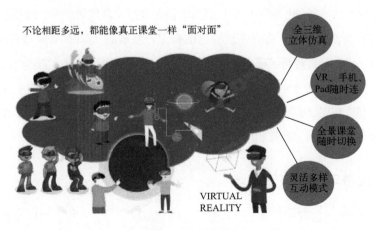

图5-1 VR教育示意

不同于传统教育，教育VR化进一步模糊了人类和机器的界限，构建出一个人与机器共同参与的虚拟世界。而从人的视角来看，这个虚拟世界与真实世界并无差别，这种沉浸式的交互方式可以让学习者更高效地掌握所接收的信息，并以原有的现实世界思维进行信息加工和处理。

一、教育 VR 化的主要特征

一般来说，教育VR化具备以下三个特征（图5-2）。

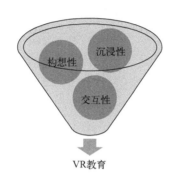

图5-2　VR教育的特征

（一）VR教育具有沉浸性

沉浸感（immersion）是教育VR化最主要的特征，它是指学生对VR的融入程度，即学生佩戴设备之后，可以全身心地沉浸于机器构造的虚拟环境之中，并可以与VR环境进行交互。

想要让学生获得足够的沉浸感，就需要同时在虚拟环境中进行视觉、听觉、味觉、嗅觉等的内容渲染。例如学生在学习地理中的关于亚马逊丛林的内容时，可以在VR系统中感觉到丛林中的湿度、温度，听到各种鸟兽叫声，看到郁郁葱葱的亚马逊丛林。

（二）VR教育具有交互性

交互性（interaction）是指学生通过感官和身体部位与虚拟环境进行交互，比如通过头的转动、手指的移动与VR系统交互，VR系统进行对应的操控变化，让学生借助硬件设备产生与真实世界中一样的感知。例如学生可以通过头的转动选取对应的物体，然后用手抓取物体时，在硬件设备的支持下，可以像在真实世界中一样感觉到物体的质感和重量。

（三）VR教育具有构想性

构想性（imagination）是指学生借助教育VR系统给出的逼真信号，构建关于虚拟世界的想象，突破时间与空间的限制，去认识现实世界中已经不存在的事物，或无法通过肉眼观察到的事物。

二、VR 技术对于教育的影响

（一）VR 技术为教育发展提供了一个新的空间

所谓 VR 简单地说是一种可以创建和体验虚拟世界的计算机系统。它利用三维图形生成技术、多传感交互技术以及高分辨显示技术，生成三维逼真的虚拟环境，使用者戴上特殊的头盔、数据手套等传感设备，利用键盘、鼠标等输入设备，便可以进入虚拟空间，成为虚拟环境的一员，进行实时交互，感知和操作虚拟世界中的各种对象，从而获得身临其境的感受和体会。

VR 技术不但追求身临其境般的"沉浸"，而且力图尽可能地实现人与 VR 系统之间的交互作用。由于它能够创建与现实社会类似的环境，从而能够解决学习媒体的情景化需求及自然交互性的要求，人们可以从这个虚拟的世界中获得酷似真实的体验。

作为一门先进的人机交流技术，VR 技术已被广泛应用于军事模拟、视景仿真、虚拟制造、虚拟设计、虚拟装配、科学可视化等领域。继多媒体之后，VR 技术再一次冲击着教育技术的变革。

在国外，VR 技术已有应用于课堂教学的实例。VR 技术作为新的教学媒体，它的出现无疑将会对远程教学产生深远的影响。普通意义上的 VR 需要大型计算机、头盔式显示器、数据手套、洞穴式投影、密封舱等昂贵设备，一般的教学单位是难以承受的，资金不足严重制约着普通意义上的 VR 技术在教育领域的研究和应用。但随着科技的发展，VR 技术的发展出现了多样化的趋势，其中桌面型的 VR 技术实现简单，需要投入的成本不高，操作也简单方便，因而在高等教育领域有着很大的推广和应用价值。

目前比较成熟的桌面 VR 技术主要是基于静态图像的 VR 技术 QTVR（quick time virtual reality）。该技术具有三大优点：首先，QTVR 在普通微型计算机上便可实现 VR 环境，它的成本极低；其次，QTVR 系统采用全景摄影照片作素材，根据真实世界影像来进行三维建模，所以图像质量高，立体效果好，真实性极强；QTVR 系统采用先进的图像压缩与还原算法，不仅使造型数据量小，而且在空间呈现时，没有很大的延迟；最后，QTVR 系统的 VR 场景的生成模式是拍摄、数字化（扫描）、生成场景、播放，不需要任何编程知识，操作比较简便，一般人都可以很快学会使用。这也从客观上促进了 VR 技术在高等教育中的应用。

（二）VR技术改变传统的学习方式

1.直观的知识获取

这主要有两个方面：一是再现实际生活中无法观察到的自然现象或事物的变化过程，为学生提供生动、逼真的感性学习材料，帮助学生解决学习中的知识难点。例如，在学习地理知识时，通过VR系统，将学生带到北极去领略那里的自然风光。在学习物理知识时，利用VR技术，向学生展示如原子核裂变、半导体导电机理等复杂的物理现象，供学生观察学习。另一个方面是，使抽象的概念、理论直观化、形象化，方便学生对抽象概念的理解。例如，学习计算机系统结构的层次概念时，通过虚拟演示，让学生观察到现实中难以体验到的层次模型。

2.可验证的探索性学习

VR技术可以对学生学习过程中所提出的各种假设模型进行虚拟，通过虚拟系统便可直观地观察到这一假设所产生的结果或效果。例如，在虚拟的化学系统中，学生可以按照自己的假设将不同的分子组合在一起，电脑便虚拟出组合的物质来。通过这种探索式的学习方式，学生很有可能研究出新的物质。利用虚拟技术，学生还可以进行温室效应、电路设计、建筑设计等方面的探索学习，从而研究出二氧化碳对全球气候的影响规律，或设计出新的电路、新的建筑物。利用VR技术进行探索学习，有利于激发学生的创造性思维，培养学生的创新能力。

3.实验的多样性和灵活性

利用VR技术，可以建立各种虚拟实验室，在"实验室"里，学生可以自由地做各种实验。VR的沉浸性和交互性，使学生能够在虚拟的学习环境中扮演一个角色，全身心地投入学习环境中去，这非常有利于学生的技能训练。利用VR技术，可以做各种各样的技能训练，例如可以进行军事作战技能、外科手术技能、教学技能、体育技能、汽车驾驶技能、果树栽培技能、电器维修技能等各种职业技能的训练。由于这些虚拟的训练系统无任何危险，学生可以不厌其烦地反复练习，直至掌握操作技能为止。

（三）VR对教学观念和传统教师地位的影响

教学改革的目标是实现教学现代化，提高教学效益和质量，全面提高学生素质。然而，教学的现代化并非只是设备的现代化，它应包含更深刻的含义，包括教学观念的现代化、教学内容的现代化、教学方法的现代化。

1.教学观念的现代化

教学观念决定了教学组织形式和教学方法。教学组织形式通常是以班为授课单位，授课主要采用课堂讲授法，教师是教学的中心，由教师决定授课内容、结构、教学方法和教学进度,这种教学方法是以教为主,学生始终处于被动的学习环境中。现代化的教学方法要求改变传统的课堂讲授方式为启发引导式,追求教与学的合作,以讲授引导思维,以教导激发感情,并赋予学生学习的主动性。VR教学有利于创造这样的环境,以教师为中心的授课形式将会被改变,以学生为中心的个别化教学、合作化教学和自我探究能得以真正地实现。引入VR技术到教学,逼真的虚拟环境可提供良好的人机交互功能,在这个基础上教学内容的组织安排将特别强调由学生的主动参与来构建知识结构,使学生的被动接受转变为主动接受,教学内容外在形式的生动性与内在结构的科学化将更加紧密地结合在一起,这将极大地促进教学观念的变化。

2.教学内容的现代化

教学内容是教学过程中传递的信息,是学生获取知识、掌握技能、发展能力的主要源泉。这些年来,教育技术从以录音、录像来辅助文字教材的教学方式发展为使用多媒体技术,多媒体信息类型主要有静态、动态、超链接视觉信息,这些信息通过电脑的处理,提供了超文本、图形、图像、音频、视频等。到今天的VR技术,除了用文字、图像和语音的共同描述外,还可以用VR来模拟不可见的变化、无法感触的物体以及具有危险性的、人不能到达的场所,甚至是现实和自然界中不可能存在的事情和场景。这就有力地克服了单一媒体难以表现的弊端,这种由VR提供的人机交互的特点,有助于发展个性化教育,因人施教、因材施教,提高学生素质,培养综合型人才。VR的应用还将带来教学内容结构的内在变化。传统的教材和教学实验指导书都是以线性结构来组织学科知识结构的,知识内容的结构和顺序都是以教为主,教学顺序性很强,学生只能在教师的讲授下获得正确的概念、原理和逻辑知识。这种形式的学习,学生对教师的依赖性很强,教材也只是一种讲课材料,学生利用它学习的自由度不大,灵活性不强,难以促使学生从已建立的知识结构向新知识结构迁移。使用VR技术以后,就可以接近人类认知特点的方式去组织和展示教学内容,构建知识结构,这种多方位的信息来源和组织是一种非线性的结构。VR与普通多媒体的高度集成,把信息的组织形式与信息内容呈现的多样性、复杂性结合起来,为学生提供了一种动态的、开放的结构化认知形式,它既包括了学科的基本内容,又包括了学科内容之间的逻辑关系,既注重知识的形成过程,又注重知识的结构,凭借视觉、听觉、触觉等信息的协调作用使教学内容的统一性与灵活性得到了完美的结合。

3.教学方法的现代化

教学方法是教学过程重要的组成部分,是实现教学目的和教学任务的有效保证。VR应用于教学过程后,可以"促进教学手段向科学化、效益化方向发展",主要表现在如下几个方面。

（1）启发式教学

VR有助于启发式教学的开展。VR能提供直观的、形象的、多重感官刺激的视听材料，以一种直接的信息传递方式，通过身临其境的、自主控制的人机交互，由视觉、听觉、触觉来获取外界的放映，提供生动活泼的直观形象思维材料，展现学生不能直接观察到的事物等，形成知识点。学生则从思维、情感和行为等方面参与教学活动。这也是启发式教学的基础。VR技术对引导学生讨论交流带来方便，更有利于学生的分析总结的能力，产生创新的条件和知识结构的增长点，构建多学科交叉的知识结构，有利于学生知识的获取和增长，培养有创新意识的综合型人才。

（2）发现式教学

发现式教学是以解决问题为中心的教学形式，VR可以让学生在实际的教学过程中进入问题存在的环境，有针对性地构建虚拟情景，引导学生进行探究，提供了发现式学习的思维空间。VR教学不但提供了良好的人机交互，还允许学生出错时，自行了解错误的根由和后果，发现解决问题的方法，进而通过分析、综合、比较、归纳、推理等高级思维技能围绕假设进行论证，接近掌握真理。形成发现式学习风格和策略，培养高层次的思维技能，这也是素质教育的重要内容之一。

（3）协作式教学

以往的教学手法，交流只局限于师生之间，学生与学生之间缺乏协作，而VR不受空间位置和距离的影响和限制，可让远距离的师生或位置分散的学生共处于一个虚拟的空间中，通过共同的参与，而且必须具备共同操作才能完成某些项目的设计和训练。这种教学手段不但师生间可以有效地交流，而且学生之间也可以实现协作，培养协作的意识，使学生具备适应以后工作的协同能力。

（4）情景式教学

VR技术能够把教学中的抽象概念、原理、真实的实验过程等形象生动地表现出来，给学生创设真实学习环境，帮助学生获得示范性的知识，把握概念、原理的实质。综上所述，利用VR技术的沉浸性、交互性、多感知性、存在感、自主性等，将VR技术引进高等教育，这必将对发展现代教育思想、提高教育技术水平、改善实验实习环境、优化教学过程、培养有创新意识和创新能力的人才等产生深远的影响。

三、教育 VR 化存在的问题

虽然教育VR化已经是5G时代的风口之一，但在研发和推广过程中，依然存在着值得思考的问题。

（一）VR教学内容的标准化

VR教学内容作为开展VR教学的基础，目前还没有系统的课程标准与制作规范，各大高校也还没有培养专业的VR人才，VR内容制作者往往是从游戏、动画、多媒体等行业跨界而来。从这个层面来说，目前市面上大部分的VR课程都还处于摸索阶段，没有统一的标准可循，尚无法开展大规模和批量化的教学内容制作，这也导致了VR教学内容的开发成本居高不下。

（二）VR教学内容的专业化

目前VR教学内容生产多集中在天文、生物、历史等学科，由于这些学科比较抽象，以VR教学内容为载体进行教学更有利于学生掌握知识。但目前市面上的VR教学内容大部分都由专业的制作人员来完成，这就意味着在VR教学内容的制作过程中，往往忽视了学校教师参与的环节。作为直接参与VR教学的教师，一方面要将VR教学内容作为虚拟教学的主要承载体，另一方面又无法深度参与到VR教学内容的制作中，可能导致教学内容与VR内容相互脱节的风险。

（三）VR教学内容的制作成本相对较高

即使实现了VR教学内容的标准化，也无法覆盖所有受教育群体。中小学阶段的课程内容往往由考试大纲与教材所限定，VR教学内容的制作成本可以控制在一个相对合理的范围之内。但对于高等教育与职业教育而言，课程内容尚无法实现标准化，各个院校的教材和教学内容形式各异，这就要求VR教学内容制作商需要根据高等教育和职业教育的不同需求进行定制化内容的开发，这无疑又提高了VR教学内容的制作成本和VR教学的推广门槛。

综上所述，VR技术的应用给教师呈现教学内容创造了条件，针对部分不具备真实教学素材的学科，VR技术可以帮助教师营造出贴近现实的VR环境，提高学生学习的积极性和主动性，为教育教学的过程带来更多想象的空间。

但与此同时，VR技术作为新兴技术，本身也面临着从业人员不足和制作标准不统一等问题。随着5G网络的进一步普及，以及中小学校、职业院校和高等院校对于教育VR化的需求，这些问题也会成为教育VR化必须直面和解决的问题。

第三节　VR技术在教育中的应用场景

VR教育将传统的单向信息传输模式转化为双向的认知交互模式，不仅能使教师提高知识传递的效率，还能"使学生在虚拟的微观世界和宏观世界中，身临其境地进行沉浸式学习"，这对激发学生的主观能动性和积极性有着非常重要的作用。

在实际应用中，VR教育的引入可以解决以下传统教育的难点：

其一，知识点比较抽象，无法用直观的方式展现，例如生物、地理等学科；其二，知识点相对枯燥乏味，学生缺乏主动学习的积极性。对于以上传统教育的难点，VR教育的应用场景主要包括以下几方面。

一、VR技术在课堂教学中的应用

在课堂教学过程中，VR教育可以将课本上抽象的学习内容具象化，向学生提供逼真的虚拟世界。针对不同学科的特点，VR技术可以在课堂教学中发挥不同的作用，解决教学过程中出现的难点。

例如在上文中提及的"知识点比较抽象"的难点，原有的课堂教学多使用实物模型来帮助学生理解抽象概念，而VR教育可以通过建模和多媒体技术，构建相同的虚拟模型。与实物模型相比，VR虚拟模型具备更强的交互性，比如心脏结构讲解，学生在VR环境中可以对心脏模型进行拆解、剥离和重新组合，从更多层面学习心脏结构，加深对生物学科的理解。

再比如适合沉浸式教育的学科，如历史、语文等，对于课本中涉及的历史人物和事件，由于无法在现实世界中再次看到，可以利用VR技术重新构建历史画面，让学生可以参与到历史事件中，与历史人物面对面地进行交流，提高学生对于历史、语文等学科的学习兴趣。

2019年，浙江大学、哈佛大学联合举办了一堂VR课程"吉萨金字塔：技术、考古与历史"。20名学生通过在线设备同步分享由哈佛大学的埃及学教授彼得·德·曼努埃尔讲授的课程。

在本次课程中，同学们利用VR看到的场景，永远不可能在如今的吉萨看到。比如吉萨金字塔区墓地现场，在1842年被发掘出的Merib墓室的地面上只有一个洞，而墓室的正面门脸如今被收藏在柏林博物馆里。但是在VR内容中，科学家根据莱斯纳教授的考古记录，准确复原了这个墓室本来的样子，通过VR不仅能看到完整的墓室建筑，还可以看到墓室里的浮雕、壁画、家具等。同学们可以点击其中任意一件，物件的3D模型就会弹出，可以随心所欲地旋转，以便从各个角度进行观察。比如最经典的《赫亚尔肖像》，在很多的资料、纪录片中被多次提及，人们却无法细品其中的表现方式，但通过VR的辅助，可以对细节进行查看、观察与学习。

二、VR 技术在科学实验中的应用

VR教育的第二个应用场景是科学实验和研究，这对于某些不便于在现实中进行的科学实验是非常有帮助的，比如化学和物理中涉及放射性物质或有毒物质的部分，在传统教学中往往一带而过，学生无法亲手做实验，也无法验证试验过程和结果的准确性。

而VR技术可以通过虚拟实验室的方式帮助学生操作虚拟的实验仪器。学生在按照课本和教师的指引进行操作之后，操作结果通过虚拟外设（如力反馈设备、数据手套、位置传感器、3D鼠标等）和仪表显示反馈给学生，用于判断实验结果是否准确。

同时，VR技术可以在硬件设备的基础上，高度模拟一些用肉眼无法观测或操作的实验现象，用户可以在虚拟环境中对微观或宏观的实验对象进行操作，并由虚拟系统给出真实试验中的理论数据，例如微观环境下的原子运动、分子运动和宏观环境下的天体运动，虽然可以在高倍显微镜和望远镜中看到现象，但无法进行实际操作，而虚拟实验室可以让用户直接上手操作并感受实验结果。

2018年，英国科学家迈克尔（Michael）等人在 *Science Advances* 上发表了一篇题为《对多分子构象和动力学进行采样——用户虚拟现实框架》的论文，在论文中，使用VR设备的志愿者将控制器当作镊子抓取分子或其他化学结构，并成功完成了三项不同的测试任务：通过碳纳米管操纵一个甲烷分子，操纵一个有机螺旋体分子来改变它的方向，在多肽上打一个结。通过创建多用户在VR环境下的分子交互动力学框架，将原子物理模拟器和VR硬件结合起来，这一套VR设备允许用户以原子级的精度观察和操纵复杂的分子结构，并在同一虚拟环境下与其他用户进行交互。

三、VR 技术在远程教学中的应用

VR+远程教学结合了VR和远程教学的优势，一方面连接不同区域的教育教学，扩大传统教学的受众范围，促进教育资源在不同区域之间的均衡化，另一方面可以将传统的授课方式转化为认知交互和沉浸式的学习体验，让学生进入微观或宏观的虚拟世界中，提高学生的学习兴趣和主动性。

2020年9月，江苏省苏州中学在化学楼建设5G+VR远程课堂和双师课堂，依托中国移动成都研究院CloudXR平台，部署多人互动火灾演练、化学教学等VR课程应用，实现了各个校区之间的高效互动。哪怕是请假在家的学生，也可以通过5G+VR实现沉浸式的课堂学习，实时参与课程学习以及师生互动。

四、VR 技术在仿真校园中的应用

　　VR在仿真校园中的应用主要体现在通过建立全景仿真校园，展现完整的校园环境，达到宣传学校的目的，对于体现校园信息化建设实力、展现校园文化环境、提高招生或就业水准等方面，都具有重要的意义。通过建设包括教育、教学、教务和校园生活的仿真校园，用户可以在短时间内熟悉校园环境，了解学校教学教务的流程。

　　例如在招生方面，新生在报到之前就可以通过仿真校园"参观"校园中的景点、院系、教学楼、图书馆等，对学校宿舍、食堂、各场馆等设施进行系统了解。国内的部分高校已经上线了仿真校园的产品，例如中国人民大学的"全景人大"地图上设置了十多个"摄像头"，学生只要点击任意一个"摄像头"，就可以获得摄像头所能拍到的360度实景，亲身感受校园内的环境。

五、VR 技术在技能训练中的应用

　　对于部分技能训练的学习，VR教育同样具有很重要的实践意义，例如医学手术、体育技能、危险行业（包括电气、救援、冶金、化工等）等训练，如果在现实世界中进行学习和训练，会面临成本较高、案例不足、资源紧张等问题，而借助VR所提供的技能训练环境，用户可以在其中完成与现实世界中同样感知的学习和训练，不受时间和地点的限制，而且可以规避某些技能训练中的危险性。例如救援的技能培训本身具有一定的危险性和不可控性，通过建立地震逃生实验室、火灾逃生实验室等虚拟环境，学生可以在相对安全的条件下完成学习和训练，在遇到真实的危险时，也可以迅速做出反应和采取对策。

　　VR作为一种新兴技术，为传统的教育教学方式带来了更多的改革可能性，在介入实际的教育教学活动后，可以看到VR与教育教学存在诸多的融合场景，假以时日，必将会改变传统教育的教学方式，提高教育教学水平，改善技能训练环境，增强教学效果，对5G时代的教育改革和人才培养产生深远的影响。

　　与此同时，也应该意识到，VR与教育的结合尚未完成彻底的商业模式论证，对于大部分学校而言，VR教育的应用成熟度还不够，尚不足以支撑日常的课堂教学。随着5G高速率、高可靠性、低时延的特性与VR教育场景的进一步结合，期待5G网络可以协同VR克服技术上的难题，改善实际应用中用户体验不佳的情况，真正让5G+VR教育走进日常教学活动中。

第四节　VR 技术在教育中的应用实践

VR技术在教育中的应用非常广泛，以下仅从四个方面进行分析，但并不表示VR技术在教育中的应用仅体现在这些方面。

一、VR 技术在中小学安全教育中的应用

（一）中小学安全教育课堂教学存在的问题

"安全教育与生命教育是新时期德育发展的新主题之一"，安全教育对于中小学很重要，只有安全教育落实到位，这样小学生的安全意识才会增强，形成和谐校园、和谐社会。

中小学生的安全问题一直是教育的重点工作，只有学生安全，国家才会安全。但是中小学安全教育方面仍存在很多问题，例如：学校很少开展安全教育，进行安全教育只停留在口头讲述等问题，对于一些平常中无法出现的场景如地震，学生则无法真切体会。安全教育只停留在口头讲述或者播放PPT或播放视频让学生来观看，其方式不能完全激发学生的主观能动性，教师在进行安全教育时，可以让学生以主人公的身份体验一些场景（如地震），从而提升我国中小学安全教育的质量。

尽管社会公众对中小学安全教育的意识在不断地加强，但效果还不算太理想，主要表现在以下几个方面。

1.很少开展中小学安全教育教学

现在小学的课业压力也很大，在学校主抓文化课的成绩的同时，往往会忽略小学生的安全教育问题，若有学校开展安全教育活动，往往也停留在喊口号上面，没有强调"以人为本"观念，没有让学生自己切身去体会在危险来临时需要做的防护措施。虽然现在小学安全教育已经得到了改善，方式也逐渐多样化，但安全教育仍然是口头讲述或播放课件占主导地位。模拟演练就很少开展，更不要说运用VR设备了。

2.小学安全教育方式单一

仅仅口头讲述或给学生播放PPT来进行安全教育无法完全发挥学生的主观能动性，更不要说增强小学生的安全意识了。教师口头讲述，学生进行记录，安全教育成了填鸭式记录。在小学生安全现状的调查时，没有一个学校选择VR设备来进行安全教育。可见在进行安全教育时，教学形式单一。

3.安全教育注重形式

在调查问卷中，大部分学生表示对运用VR设备进行安全教育是很感兴趣的。目前，几乎没有学校用VR设备来进行安全教育，由于沉浸式VR体验课程可以让学生以主人公的身份在一个逼真的环境中来进行体验，所以学生会表示很感兴趣，也为接下来的具体教学实践奠定了基础。

4.学生缺乏安全意识

让学生明白安全教育是非常重要的。学生的自我保护能力差，要让学生学会在危险发生时知道安全的防护措施，并学会在危险发生时，懂得怎样机智果断地躲避到安全区域。小学生的安全教育是国家素质教育发展的一部分，作为教育工作者要运用合理的方式方法把安全教育落实到位，以增强小学生的安全意识。

（二）VR与安全教育融合的有效性分析

中小学生的安全问题一直是教育的重点工作，安全教育与生命教育是新时期德育发展的新主题之一，基于当前安全教育课堂的现状，如何上好一节小学安全教育课，是值得思考的事情。将VR设备引入安全教育课堂，可以使当前安全教育出现的问题得到有效的缓解。根据VR的特征与当前安全教育所存在的问题进行分析得出，沉浸式VR与安全教育相结合的优势，主要表现在以下几个方面。

1.构建生活中不易出现的场景

一些在平常生活中不易出现的场景可以通过沉浸式VR来呈现，比如"火灾"或者"地震"等场景。由于安全教育有一定的特殊性，要让学生感受到危险到来的危害，而在平常的生活中，学生很少见到这样的场景。沉浸式教学可以为学生创设平常难以看到的场景，在沉浸式VR创设的"地震VR体验"场景中，学生可以亲身去运用之前学习到的地震防护措施，如此一来，学生会印象深刻。即使在灾难来临时，学生也会迅速地做出反应。另外，还有一些奇观景象，比如海市蜃楼、深海里的鲸鱼、高山之巅等，学生都可以在VR设备中近距离地观看这些景象。在这样的环境中体验，可以拓宽学生的知识领域，增长学生的见识。

2.创设近真实的环境

沉浸式VR创设可以创设一个逼真的环境，实现形象化教学。让学生身临其境地感受场景，学生在创设的情境中更好地进行知识建构。沉浸式VR可以为学生创设一个逼真的环境，让学生可以以主人公的身份与创设的环境进行互动，得到听觉、视觉的刺激，有身临其境之感，从而更好地掌握新的知识。

3.提升躲避危险的技能

不仅要学生掌握知识，也要提升学生的能力，这也是新课标所传达的理念。沉浸式VR体验课程与小学安全教育课堂相结合，这将给学生带来一种全新的学习方式，教学过程生动有趣，学生对学习也会产生兴趣，在这种良好的学习氛围中，学生不仅学习到了知识，更锻炼了学生的躲避危险的能力，这与素质教育也是相辅相成的。可见，沉浸式VR体验课程在小学安全教育课堂中的运用会有很广阔的前景。

4.提升创新能力

学生在沉浸式VR创设情境中，去探索、去感知。在这个过程中，不仅锻炼学生的躲避危险的能力，同时也锻炼学生创新能力。沉浸式VR设备在小学安全教育课堂中的运用，是对传统课堂所存在的弊端的一个冲击。学生对学习产生了兴趣，便会喜欢上安全教育课程，如此良性循环，为VR设备在小学安全教育课堂中运用打下了良好基础。

基于以上的沉浸式VR与安全教育相结合的有效性分析，更加验证了将VR引入安全教育课堂的做法是值得肯定的，也为接下来的沉浸式VR课堂应用模式的构建奠定了基础。

（三）沉浸式VR安全教育课堂应用模式构建

沉浸式VR与安全教育课堂相结合，设计出沉浸式VR在课堂中的运用模式，为具体的课程实施提供理论依据，也为各个教学环节能够顺利地展开提供了理论模型。

1.沉浸式VR课堂框架构建

一切的学习流程应该在VR环境中进行，VR环境的创设是必不可少的一个环节。创设过程为：选择教学资源与教学设备，开始创设情境，然后提出问题、明确问题，学生带着问题去探索。整个的学习流程分为：情境导入—明确问题—理论学习—演示操作—沉浸探索—任务规划—得出结论—评价反思。

下面以一节地震逃生安全教育课堂为例进行学习流程的设计。

（1）情境导入

一个好的情境导入是一堂好课的重要指标，用恰当的情境来导入，让学生对学习产生兴趣，为接下来的环节更好地开展打下基础。

（2）明确问题

情境与问题是密不可分的。让学生带着问题去思考，更有利于学生掌握学习重点，攻克学习难点，可以更好地达到教学目标。

（3）理论学习

理论的学习是为了更好地实践，让学生提前了解地球的构造以及地震是如何产生的，将会有助于学生接下来的演示操作环节，所以要系统规划地学习有关地震的科普知识。

（4）演示操作

在学生戴上VR头盔进行探索之前，先由老师向大家进行VR头盔使用方法的讲解，以及在虚拟环境中如何逃生的步骤，并向学生演示操作。

（5）沉浸探索

由于虚拟环境具有互动性特征，在学生体验的过程中，教师对其进行辅助指导，以使学生可以有更好的体验感。体验过的同学也可以给没有体验过的同学传授操作设备的方法与技巧。

（6）任务规划

在学生探索完之后，给学生出示任务单，让学生根据任务单上的问题进行回答并填写，以测验学生在刚才的体验过程中是否可以找到安全区域。

（7）得出结论

学生填完任务单之后，会对"地震逃生之旅"过程中的避震措施以及如何寻找安全空间有一定的认识，在学生切身体验过之后，学生会对避震措施有更深刻的记忆。

（8）评价反思

一节课结束后，教师针对本节课整体把控，要求学生进行反思，总结经验。为以后更好地进行沉浸式VR与课堂教学相结合的课堂实施，进一步提高教育教学水平。

2.沉浸式VR课堂应用模式

在沉浸式VR整体教学模式与沉浸式VR课堂框架在基础上，以一节小学安全教育课程为依托，构建一个沉浸式VR课堂应用模式。该模式分为课前分析阶段，课中课堂预设阶段和课程实施阶段以及最后的后期评价阶段，在整个的教学过程中，遵循"双主体"的教学原则，各个教学环节紧密联系，不可或缺。

（1）前期分析

前期分析即课前分析阶段，在进行教学设计之前，要进行学习需要分析、学习者特征分析、学习内容分析以及学习环境分析。

在沉浸式VR课程中，学习需要分析是指学习在某一方面比较欠缺以及该课程在现阶段存在的不足等，要对其进行分析总结归纳。学习者特征分析即学情分析，要对本节课程的学习者进行分析，即学生的"最近发展区"、学生的性格特点、学生间的差异性等，对此要进行具体详细的分析，以使设计的课程可以被学生所接受。学习内容分析，主要指两方面的内容：一方面是指学生的书本教材内容的分析，另一方面是指VR教学资源的分析，两者都需要符合教学主题，同时也要在学生的可接受范围内。学习环境分析是指 VR 环境的创设，给学生创设一个 VR 的学习环境。让其在此环境中，进行教学活动的具体实施。以上的分析都为教学目标的分析奠定基础。

（2）课程预设阶段

在进行完前期分析之后，要对具体的教学流程进行预设，在沉浸式 VR 与小学安全教育课堂相结合的课堂中，用八个环节来进行具体的课程实施，八个环节具体为：情境导入、明确问题、理论学习、演示操作、沉浸探索、任务规划、得出结论、评价反思。教师活动与学生活动围绕这八个环节展开，来进行具体的沉浸式 VR 课堂创设。

以上所有的教学活动，都要在 VR 环境中进行课程实施。

（3）课程实施阶段

基于以上的课程预设，在课程具体实施的阶段，将按照以上的八个环节进行展开。在正式实施的时候，根据课堂的实际情况进行适当的调整，为更好地呈现出教学效果做准备。

（4）后期评价阶段

在进行完课程实施之后，要对学生的学习效果进行检测，通过问卷调查法以及访谈法来分析总结，以检验沉浸式 VR 的教学模式是否有效，最后，基于本次沉浸式 VR 与小学安全教育课堂相结合课堂实施情况，并根据具体的课堂实施情况写出本次课程的教学反思与教学总结。

二、VR 技术在声乐教育中的应用

人类社会正朝着万物感知、万物互联、万物智能的智能社会快步前进。作为智能社会的眼睛，机器视觉利用"视频＋AI＋大数据"的能力，成为未来智慧城市、智慧教育、智慧生活的强大引擎。

（一）声乐教学中普遍存在的问题

在声乐教学的过程中，会存在一些普遍的问题。

（1）声乐的教学是抽象化的，在教学过程中教师常常会说"气沉丹田、找高位置共鸣点"，但具体应该把气息放在什么位置，而高位置的共鸣点又具体应该怎么找到却往往不得而知。有些声乐大师曾说：气在丹田不如说是意在丹田。所谓"意在丹田"便是意念守在丹田，因为从医学角度分析，气息是无法到达丹田的，所以"气沉丹田"的表述只是为了让声乐学习者们把气息尽量往下放，使得在演唱中的气息更为扎实稳固，如何用具象化的方式表述清楚，帮助气息做到更好的下沉就是声乐教学中需要解决的。

（2）学生常常会有"听得懂，却做不到"的状况出现。因此教师在示范过程中如何让学生直观地看到在发声过程中的状态也是声乐教学中最难以突破的瓶颈。了解口腔中的各个器官该如何打开，以及看到各个机能在正确发声情况下呈现的是怎样的状态对于学生找到正确的发声方式有很大的、直观的帮助。由此可见，声乐的学习不仅是看不见、摸不着的，有时还需要凭空想象，所以让抽象化的示范以图片甚至模型的呈现方式变具体化也是声乐教学中的一大难题。

（二）VR技术在声乐教学中的运用思路

学习声乐需要与实践相结合，一般需要进行大量的练习。然而如果没有专业的声乐老师指导，学习声乐的学生在练习时就不能得知发音是否正确，练习没有显著效果。即使有专业的声乐老师指导，老师也只能指出学生的错误发音或示范正确的发音，而学生并不能直观地从老师示范的发音中了解正确的发音方式。VR技术的出现解决了这一难题，以VR眼镜作为载体，学生可以通过VR图像清楚地、直观地了解发声原理和方法，这样在练习的时候就能够有效避免错误的发声方法，提高练习效率。

除了教学，VR技术还可以用于观赏音乐会。2019年7月18日，第二十二届北京国际音乐节的新闻发布会上，首次对外公布本届国际音乐节的演出阵容及时间，其中最大的亮点就在于VR技术的运用。

在西方也有类似先例，Lannarelli是一家专门致力于开发"VR"的公司，目前它已经开始打造一个真实的智能音乐社区了。这个社区可以搭载Oculus Rift、Gear VR上（将来还可有Android、苹果和HTC Vive支持）。这样几乎可以覆盖所有的用户，将他们聚集在一起。用户可以通过虚拟角色买票入场，自由观看演出，通过自己的动作与现场虚拟角色互动、切换，还可观看2D演出直播，甚至还能邀请朋友加入自己的虚拟空间，观看同一场演出，一起讨论和专业相关的知识。最重要的是，这一切可以在家里完成，不用排队、不用拥挤，也省去了抢票环节，不仅大大减少了观赏时间和空间，还节省了许多资源的消耗。

（三）VR技术与互联网音乐教育的融合发展

VR技术更新了互联网音乐教育新理念。如果说之前的互联网音乐教育平台是互联网技术与音乐教育相结合的第一代载体，那么VR技术与音乐的结合就是进一步推进了"互联网＋"在音乐教学中的体现，使之更上了一层楼。音乐教育线上平台的推出使一部分学习者尝到了科技与教育结合的甜头，一部分人依然坚守传统教育的行为模式，而剩下的一部分则仍对先进的教学模式持观望态度，在传统教育和互联网教育之间徘徊。

不得不承认，新兴的线上教育产业虽为教育行业带来了巨大的好处，但也存在其弊端，那就是分离了"教"与"学"。宽松的学习时间以及自由化的学习方式使线上教学的优势十分明显，但"传统教学中人性化的部分却被削弱"，这使得互联网教育的发展陷入了平台期。而VR技术的出现将会给"互联网＋"的音乐教育模式带来冲击式的发展变化，是让广大学习者眼前一亮的新模式。

VR技术更新互联网音乐学习新模式。互联网教育弥补了传统教育的不足，使学习模式更加灵活自由，学习过程更加有趣、综合和全面。而VR技术的引用，极大推进了互联网教育新模式，解决了目前互联网教育存在的普遍问题：缺乏约束性，缺乏监督，容易产生视觉疲劳。自由与自控力不足的矛盾，在VR技术的运用下，将得到完美的解决，带给学习者全新的视觉体验。学习者不再束缚于传统教育枯燥乏味的教学内容，不再受制于互联网教育本身缺乏约束力的先天不足。VR技术可以模拟"学"与"教"的环境，让听者仿佛置身真实的课堂，带给听者身临其境的视听感受，从而实现传统教学和互联网教学两者的重新组合，提供一个生动、逼真、更加人性化的学习环境。

三、VR技术在职业教育中的应用

（一）职业教育实训中存在的问题

职业院校是培养高技能人才的教育场所，大部分课程需要学生通过实践操作来对各类理论知识予以验证，提高学生的综合素养，更好地适应岗位工作环境，达到职业院校教育与社会教育之间的精准对接。但是从现有的职业院校实训教育工作开展形式而言，仍面临着一系列的问题，造成理论与实践脱节，令学生无法正确熟知各类理论的应用技巧。

（1）部分职业院校在实训设备的采购方面存在支撑性不足的问题，因为伴随着教育技术、教育理念的不断更新，整个理论课程所产生的实现机制也需要与整个市场进行对接，此过程中需要学校针对各类实训设备进行不断更新，但是在此期间加大教育经费的消耗力度，特别是对部分专业设备、精密化设备而言，无论是在实训场地选择还是在设备优化更新之上，均将产生教育收益性不足的现象。

（2）学生在实训过程中，往往是多个学生共用一台实训设备，经过教师前期讲解之后，令学生进行轮番操作，逐步深化理论认知。受限于设备数量以及实际操控技能等方面的影响，单一设备无法满足教学进度，产生实践环节缺失的现象，弱化了教学效果。另外，在实训操作环节，学生需要通过实践操作某一类设备来完成一系列的教学任务，部分学生在学习期间本身对于知识理解不透彻，将对各类操作工序产生错误的理解，一旦在实操过程中产生人为因素所造成的设备故障问题，将加大教学成本的投入力度，同时也将影响整体教学进度。

（3）传统实训教学工作中，整个实训环境较为简便，资源整合力度较弱，往往是通过教师的操作演讲，令学生进行自行操作，最后经由教师进行评测，整体的教学模式与理论是课堂的教学场景相符，这样将造成实训教学效果无法体现出应有的实践价值，产生教育理念与教育实现相脱节的严重现象，降低课堂教学质量。

（二）VR技术在职业院校应用的意义

虚拟现实技术的研发与应用，搭载多类技术体系以及信息化平台，将现实场景通过数字信号以及数据模型的转变，映射到虚拟设备之中，学生经由虚拟设备或计算机模拟软件，便可从多个角度分析出整个教学场景中的各类信息。

1.激发学生的主动性

随着VR技术体系的不断优化与完善，在新课程教育改革的政策导向下，教育院校也逐渐将VR技术与教学体系相融合，利用虚拟现实场景的建设，有效补充传统理论式教学中存在的不足问题。通过视觉、听觉等方面，刺激着学生的学习思维，学生在学习过程中，通过人机交互激发出学生的学习欲望，令学生从原有的被动式获取知识，真正转变为对各类教育内容的主动式获取行为，提高课程教育质量。

2.突破传统场地教学的局限

职业院校实训教学是专业型技能型人才培养的重要教育工序，VR技术在实训教育中的应用，通过虚拟场景打破传统教育实践与教育空间的局限，且整个虚拟平台不会对教学设备中的物理硬件产生损坏，与整个软件所产生的独立性相对接。依托于云计算环境，实现数据信息的综合化、协调化调控，有利于软件资源的高度集成，对区域内职业院校的教育资源共享，将各类信息内容进行可视化的呈现。学生在学习期间，虚拟化的场景将对各类实训内容进行数字化解析，例如在对汽车结构进行实训讲解时，可以通过虚拟软件对汽车内部的构造以及部件之间的关联属性进行分析，详细了解到汽车的运行原理，真正从多个角度呈现出事物的变化特征以及内涵逻辑，提高课程教学的趣味性。

3.降低职业院校的教育投入

通过VR技术所设定的虚拟教学场景，有效摆脱传统实训环节对于各类设备的依赖情况，通过数字化、可视化的转变，针对各类教学内容，打造出相对应的教学场景，在学生进入到虚拟环境以后，令学生体会到教学场景中的身临其境。与此同时，VR软件与物理服务器之间的独立运行模式，不需要担心学生在虚拟环境中的错误操作对计算机设备和各类实训设备产生的影响，有效实现成本节约。此外，VR虚拟软件的还原功能，可以令学生进行重复性的操作，增强虚拟环境的可操控性，便于学生对理论知识的扎实记忆。

（三）VR技术在职业教育中应用的评估

1.实训基地

职业院校在实践教学期间，通过VR技术可以增强职业教育效能，例如，职业院校在建设虚拟实训基地时，不需要更多教育资源的投入，仅需在相关设备中安装虚拟软件以及各类虚拟设备，则可以对各类专业内容进行仿真模拟，此过程可以有效解决实训场地以及前期资源投入压力的问题。同时，VR技术可以辅助教师开展情景式教学项目式教学，通过教与学，将问题进行一体化的解析，提高学生的学习兴趣，令学生在虚拟场景中的实践能力内化为知识储备。

2.技术交融

在课程教学中，VR技术与教育体系的融合，打破以往专业教育及相关技术碰撞的问题。教师可以通过VR系统编制内部程序，教学场景可以依据教师的操作实时变化，实现不同课程的高度整合。其既可以起到教学延伸的作用，也可以增强学生的学习兴趣，特别是在VR虚拟仪器的应用下，增强学生的创新能力，学生可对虚拟场景中的各类教育信息进行可视化、立体化的解析，保证每一类教学工作开展的完整性，推动职业教育院校的改革。

3.远程教育

基于VR技术而实现的远程化教育，打破传统线上教学所存在的局限性，将VR虚拟技术与教学平台相整合，学生可以通过设备真实感受到教师在教学场景中的各类操作。通过虚拟场景教师也可以对学生进行实践指导，例如，各类专项练习以及技术检测等，提高了课程教学效率。与此同时远程教育与翻转课堂教育的融合则可以设置多资源融合的教育场景，令学生在学习期间真正达到线上与线下的无缝对接，且可通过VR虚拟平台与教师进行沟通，便于问题的及时解答。

4.实训教学评价

利用VR技术对实训教学进行评测时，教师只需要针对虚拟软件进行操作，便可完成全过程性的管理。如利用VR设备记录学生的肢体、眼部、心跳以及其他身体机能方面的信息，结合实践操作结果，进行公正、公开、客观的评价，这样可以分析出学生在现阶段的学习能力。此时不仅可以为教师提供教育决策信息，同时还可以真正实现以技术为驱动的成果转化，达到了教育与技术的有机整合，提高课程教学的严谨性。

四、VR 技术在高校党建思政教育中的运用

在高校党建思想政治教育工作中，探索 VR 技术的应用，借助沉浸式、交互式教学等激活学生的学习体验，强化课程教学的时代感和创新性，能有效吸引学生的注意力，使学生主动学习党建思想政治教育课程知识，从而彰显党建思想政治教育的重要价值和作用，引领学生身心健康发展。

（一）VR技术应用于高校党建思政教育的意义

1.强化学生沉浸式体验

在高校实际组织开展党建思想政治教育工作的过程中，有意识地探索 VR 技术的应用能对教学活动的场景进行直观模拟，构建虚拟化的教学环境，将与党建思想政治教育相关的客观事实直观地反映在学生面前，营造沉浸式的教学环境，使学生在对相关知识内容进行学习的过程中可以获得沉浸式情境体验，能产生对党建思想政治教育知识内容的个性化理解。

2.强化学生理论认同感

VR 技术在高校大学生党建思想政治教育工作中合理化实施，能营造虚拟现实空间，方便学生在学习理论知识的过程中通过互动交流对相关知识进行验证，结合 VR 技术支持下的实践探索加深对党建思想政治教育理论知识的理解，从而产生对理论知识和思想体系的深刻认识，使大学生的思想认识水平得到明显提升，能产生对党先进思想和理论的高度认同感，在未来成长过程中能主动学习先进的思想理论，能形成为国家和社会建设奋斗的决心，从而使高校大学生培养效果得到进一步优化。

3.提高党建思政工作实效

借助虚拟技术的支持有效组织开展党建思政工作，能通过虚拟现实场景的设计和大量互动技术的支持使学生将理论和实践联系在一起对课程知识进行学习，帮助学生弥补不了解时代背景引发的理论理解困惑，促使学生能在 VR 技术的支撑下从多角度认真思考问题和分析问题，获得良好的学习体验，从而促进教育效果得到明显的提升。同时，高校大学生保持着对现代科学技术的强烈好奇感，在 VR 技术的支持下能主动参与到相关知识体系的探索活动中，在视觉、触觉和听觉的多重感官刺激下，在场景再现的基础上让学生获得沉浸式学习体验。如在讲授长征精神的过程中，就可以借助 VR 技术的应用模拟红军长征的情境和气候条件、地理条件等，在交互式的体验中让学生能感受到红军爬雪山、过草地的艰难历程，从而更加深刻认识红军长征精神，提高党建思想政治教育的综合水平。

（二）VR技术运用于党建思政教育的措施

1.VR技术与教学组织活动融合

对于高校党建思想政治教育而言，思想政治理论课堂是较为重要的部分，因此在应用VR技术的过程中，可以尝试将VR技术与课堂教学融合在一起，组织学生结合具体的教学内容参与到VR技术所营造的真实情景中，从而感知相关知识内容，从不同角度加深对党建思想政治课程内容的理解，坚定学生的理想信念，将学生培养成为高素质人才。

例如，教师为了发挥党建的引领作用促进思想政治课程教学的全面优化，可以将"延安精神"作为重要方向，借助VR技术还原党在延安时期重大历史事件，组织学生在虚拟现实空间参与到延安革命历程中，增强学生的参与感和代入感。以此为基础，教师组织学生对课程知识进行学习，能让学生产生个性化的理解和感悟，从而促使学生在学习实践中的思想认识水平得到不断增强。

具体而言，VR技术是一种新兴的信息技术手段，如果将其与思想政治教育内容进行有机结合，就能让学生在虚拟现实空间中加深对教育内容的理解，也能在学习实践中感受到个性化的体验，从而形成对相关课程知识的深入理解，提高个人综合素养。

2.VR技术与社会实践活动结合

社会实践是党建思想政治教育的重要组成部分。要想构建党建思想政治教育的长效工作机制，就要按照当代大学生的成长情况，结合VR技术的应用从社会实践角度对教育内容进行拓展和延伸，对学生实施积极有效的党建思想政治教育指导，从而提高教育实效，确保大学生党建思想政治教育能呈现出全新的发展态势，在社会实践中使学生能对教育内容产生个性化的理解和认识。

例如，高校为了能在党建思想政治教育中培育大学生的奋斗精神，就可以组织开展社会实践活动，先借助VR技术的应用对社会实践活动情境进行模拟，使学生能了解社会实践的要点和主要活动方向等，能对自身在参与社会实践方面的任务和要求进行准确的定位，可以在虚拟现实空间中丰富自身参与社会实践项目的经验。

参考文献

[1] 赵帅.5G+教育：5G时代的教育变革[M].北京：机械工业出版社，2022.

[2] 江波作，袁振国.人工智能与智能教育丛书机器学习[M].北京：教育科学出版社，2021.

[3] 朱桦.多元智能与生涯教育[M].北京：中国纺织出版社，2021.

[4] 赵慧.未来教育：教育改革的未来[M].北京：人民日报出版社，2021.

[5] 孙绵涛.教育改革与教育效能论坛（第1辑）[M].重庆：重庆大学出版社，2021.

[6] 沈伟，袁振国.智能时代的教师[M].北京：教育科学出版社，2021.

[7] 刁生富，张艳，刁宏宇.重塑人工智能与学习的革命[M].北京：北京邮电大学出版社，2020.

[8] 童春燕.智慧教育背景下高校课堂教学评价体系的构建与创新[M].长春：吉林人民出版社，2020.

[9] 浙江省教育技术中心.技术赋能教育均衡[M].杭州：浙江教育出版社，2020.

[10] 郑娅峰.人工智能视域下机器学习在教育研究中的应用[M].北京：中国经济出版社，2020.

[11] 刘俭安.人脑认知与跨媒体分析推理技术在教育中的应用研究[M].长春：吉林出版集团股份有限公司，2020.

[12] 邝家明，高梅花.绿色发展智慧成长关于"智慧教育"的思考与实践[M].广州：华南理工大学出版社，2020.

[13] 何兴无，蒋生文.大数据技术在现代教育系统中的应用研究[M].长春：东北师范大学出版社，2019.

[14] 刘致中.智慧教育课堂实践[M].西安：西北大学出版社，2019.

[15] 黄少珍，周运科.数据挖掘在教育中的应用研究[M].北京：北京理工大学出版社，2019.

[16] 刘清堂，刘三娅，杨浩.大数据与教育智能第17届教育技术国际论坛论文集[M].武汉：华中师范大学出版社，2019.

[17] 安东尼·塞尔登，奥拉迪梅吉·阿比多耶.第四次教育革命：人工智能如何改变教育[M].吕晓志，译.北京：机械工业出版社，2019.

[18] 高晓晶.新媒体环境下的未来教育形态研究[M].长春：吉林大学出版社，2019.

[19] 韩力群.人工智能（上）（中学版）[M].北京：北京邮电大学出版社，2019.

[20] 上海市电化教育馆.深度学习与智能治理2018上海基础教育信息化发展蓝皮书[M].上海：上海教育出版社，2018.

[21] 顾富民.信息化环境下学生学习素养研究[M].成都：电子科技大学出版社，2018.

[22] 佩德罗·德·布鲁伊克，保罗·A.基尔希纳，（荷）卡斯珀·D.胡瑟夫.解码教育神话[M].盛群力，徐琴美，李艳，等译.郑州：大象出版社，2018.

[23] 王作冰，叶光森.人工智能时代的教育革命[M].北京：北京联合出版公司，2017.

[24] 腾讯研究院，中国信通院互联网法律研究中心，腾讯AILab，等.人工智能：国家人工智能战略行动抓手[M].北京：中国人民大学出版社，2017.

[25] 杨红云，雷体南.智慧教育物联网之教育应用[M].北京：华文出版社，2016.

[26] 刘峡壁.论人工智能与教育的内在统一性[J].中小学数字化教学，2023，64（04）：29-32.

[27] 鲍婷婷，柯清超，马秀芳.人工智能教育社会实验的理论基础与实践框架[J].电化教育研究，2023，44（01）：54-60.

[28] 戴界蕾.人工智能赋能教学，加快教育现代化建设——基于"AI+OMO的学科教学流程再造"的思考[J].基础教育课程，2023，343（07）：39-47.

[29] 吴砥，李环，陈旭.人工智能通用大模型教育应用影响探析[J].开放教育研究，2023，29（02）：

19-25+45.

[30] 袁磊，雷敏，徐济远.技术赋能、以人为本的智能教育生态：内涵、特征与建设路径[J].开放教育研究，2023，29（02）：74-80.

[31] 高洁，彭绍东.教育人工智能背景下智慧教学工具的比较研究[J].上海教育科研，2023，430（03）：61-67.

[32] 龙宝新.人工智能时代的教育变革及其走向[J].南京社会科学，2023，425（03）：123-133.

[33] 徐芳，钟志贤.教师智能教育素养结构研究[J].中国教师，2023，358（03）：35-39.

[34] 周佳峰.人工智能助推教育数字化转型路径与实践研究[J].中国教师，2023，358（03）：31-34.

[35] 王雨秋.人工智能视域下高校教育数字化管理路径研究[J].华东科技，2023，445（03）：86-89.

[36] 何文涛，路璐，周跃良，等.智能时代人机协同学习的本质特征与一般过程[J].中国远程教育，2023，43（03）：12-20.

[37] 汤广全."智慧教育"内涵偏差初探[J].惠州学院学报，2023，43（01）：94-98.

[38] 韦恩·霍姆斯，孙梦，袁莉.人工智能与教育：本质探析和未来挑战[J].中国教育信息化，2023，29（02）：16-26.

[39] 邓伟，刘美娟，周玉婷，等.中学生人工智能能力评价工具开发及应用研究[J].中小学电教，2023（Z1）：23-28.

[40] 王建梁.全球中小学人工智能教育：发展现状与未来趋势[J].上海教育，2023，No.1223（06）：22-26.

[41] 刘欣悦.美国：以智能教育政策引领全国行动[J].上海教育，2023，1223（06）：26-29.

[42] 王莹，王颖.德国：提升学生信息素养、培养人工智能人才[J].上海教育，2023，1223（06）：30-33.

[43] 刘天雨.新加坡：分层教授，培养人工智能领域人才[J].上海教育，2023，1223（06）：34-37.

[44] 逯媛.日本：培养AI人才，实现"5.0社会"愿景[J].上海教育，2023，1223（06）：42-45.

[45] 朱莉，张雷生.韩国中小学人工智能教育：机遇与挑战并存[J].上海教育，2023，1223（06）：45-47.

[46] 雷耀华，滕明霞.人工智能促进教与学变革的区域实践[J].四川教育，2023（Z1）：41-42.

[47] 滕长利，邓瑞平.智能技术赋能教育高质量发展：内涵、挑战及应对[J].高教探索，2023，231（01）：8-13.

[48] 何奥.人工智能时代教育变革的理论基础、技术支撑与实现路径[J].顺德职业技术学院学报，2022，20（01）：45-49.

[49] 张毅.VR技术与教育融合现状分析[J].黄山学院学报，2022，24（01）：136-138.

[50] 吴勇，顾振华.VR技术在职业教育中的应用[J].集成电路应用，2021，38（12）：278-279.

[51] 黄增心.VR技术在高校党建思政教育中的运用[J].中国报业，2021，529（24）：114-115.

[52] 章子跃.浅析人工智能的发展及其对人类生活的影响[J].通讯世界，2019，26（04）：293-294.

[53] 华子荀.虚拟现实技术支持的学习者动觉学习机制研究[J].中国电化教育，2019（12）：16-23.

[54] 高嵩，赵福政，刘晓晖.国外VR（VR）教育研究存在的问题与启示[J].中国电化教育，2018（3）：19-23，73.

[55] 高嵩，赵福政，刘晓晖.国外虚拟现实（VR）教育研究存在的问题与启示[J].中国电化教育，2018

（3）：19-23，73.

[56] 林齐盼，王杨宁.VR在教育领域中的应用探析——基于2012年至2016年SCI文献的分析[J].福建广播电视大学学报，2017（2）：1-6.

[57] 李彤彤，黄洛颖，邹蕊，等.基于教育大数据的学习干预模型构建[J].中国电化教育.2016（06）：16-20.

[58] 赵一鸣，郝建江，王海燕，等.虚拟现实技术教育应用研究演进的可视化分析[J].电化教育研究，2016（12）：26-33.

[59] 陈兆柱，徐进.浅谈虚拟现实（VR）技术对高等教育的影响[J].山东省青年管理干部学院学报，2004（04）：70-71.

[60] 杜佳璘.基于机器学习和复杂网络的教育搜索时序数据应用研究[D].成都：四川师范大学，2022.

[61] 向鑫鑫.人工智能时代教师角色研究[D].金华：浙江师范大学，2022.

[62] 邓爱诗.面向协作问题解决能力培养的人工智能课程教学设计与实践[D].上海：华东师范大学，2022.

[63] 孙昊琛.新一代人工智能技术支撑的智慧教室模型建构研究[D].海口：海南师范大学，2022.

[64] 孙莉.基于教育大数据的学业表现分析与预测研究[D].大连：大连理工大学，2022.

[65] 郭瑞莲.创客教育理念下初中人工智能课程教学模式设计研究[D].武汉：华中师范大学，2022.

[66] 暴少君.创造性问题解决教学对中学生创造性问题解决能力的培养研究[D].武汉：华中师范大学，2022.

[67] 李昕玥.虚实结合的机器人教学活动设计与实践[D].临汾：山西师范大学，2021.

[68] 李冰洁.人工智能技术对人类社会发展的影响研究[D].西安：陕西师范大学，2021.

[69] 梁冠宇.人工智能应用于教育的伦理风险与规避[D].太原：山西大学，2021.

[70] 常亚丽.人工智能时代大学生技术教育新探[D].无锡：江南大学，2021.

[71] 崔璐.面向计算思维的人工智能课程教学行动研究[D].南京：南京师范大学，2021.

[72] 吴霜.互联网背景下"VR+"声乐教育的研究与实践[D].南昌：江西师范大学，2021.

[73] 张韵晨.VR技术在教育出版中的应用研究[D].杭州：浙江传媒学院，2020.

[74] 任楠楠.沉浸式VR在小学安全教育中的课堂应用研究[D].新乡：河南师范大学，2019.

[75] 孟祥军.基于AR与VR技术的教育应用研究与分析[D].济南：山东中医药大学，2017.

[76] 联合国教科文组织正式发布国际人工智能与教育大会成果文件《北京共识——人工智能与教育》[EB/OL].http：//www.gov.cn/xinwen/2019-08/28/content_5425382.htm.

[77] 钱初熹.AI推动视觉艺术教育变革[EB/OL].https：//www.ecnu.edu.cn/info/1095/4303.htm.